希望總教練張為堯
與
5000 公斤減脂團隊
著

5000 公斤的希望

推薦序

「大健康」不僅是 好生意，更是希望 與 使命

鼎鼎集團
總經理
李美華

認識為堯是在二〇一七年的五月，在桃園機場準備前往取得體脂管理師的路上。這是個特別的機緣。在人群中一個身材高大又有領導魅力的年輕人，協助一群不認識的人集合、報到和行李過關，有條有理的組織，原來他就是年輕有為的國際培訓師張為堯！

然而，這只是其中我佩服的一件小事而已。當我知道他將原本九十五公斤的體重降到七十八公斤，只用了短短的一個多月，更讓我佩服他的毅力與執行力，證明為堯是一個會對自己負責任的男人。因為我的老師告訴我，「一個人做一件事情的態度，就是做所有事情的態度」。

尤其是處理健康問題，如此的態度，肯定做任何事都會成功；又知道他的專業是銷售及魅力表達培訓，當下引發了我提拔晚輩的心思，如今為堯已是我鼎鼎集團營銷策略顧問了！

我和為堯如期考證通過，成為了台灣首批體脂管理師六人之一；前幾天，我在找一些資料的時候，又聽了博士的錄音檔，博士說到：「體脂管理師的工作，不是賣你東西，不是生意，而是透過我們所學習的這套技術，解決你的問題，得到的回報是健康，因為每個人交給我們的都是一條沉甸甸的生命！」

我們所學，不管是經營專業與減脂專業，都希望是助人，而不誤人。這麼有價值的活動，未來希望可以引領更多人來參與，讓每個人都能同時擁有身體的健康與財富的自由。

鼎鼎集團也在二〇一七年八月正式對外宣傳成立了大健康事業部；常有人問我，「您不缺錢，為什麼還要投入這產業？」我總是認真地回答：「照顧好自己最重要，照顧好家人、同仁更重要！」這是一個大風口產業，幫助人更美麗、更健康，讓所有受益的人重新找回年輕的身體；有什麼事業會不停的有人感激您，而且還會主動分享轉介？再加上身邊的好友都已年過半百，事業有成。一輩子打拼，現在應該是常常歡樂相聚，而不是在病床邊或告別場合見面；這是一個巨大的使命。基於這個使命我和我的教練團隊也在八個月內成功協助了四百人減去將近三千公斤的脂肪！

現在，為堯更是中華兩岸大健康促進協會的創會理事長，發揮他國際培訓師的專業培訓能力，幫助更多的年輕人成為減脂教練，找到了自己的舞台，不只是台灣，更邁向了國際，這是我最佩服他的地方！

我要嘉許為堯，他是一個好老師，更是一位好教練，俗話說：「嚴師出高徒」。他所訓練出來的教練都是一等一的好手，我很開心看到《5000公斤的希望》出版上市；這將會幫助更多的家庭擁有健康，減少醫藥支出及負擔。讓我們所愛的台灣更健康！更和樂！更幸福！

我為人人，人人為我

總教練的話

5000公斤的希望總教練

張為堯 Allen

我是張為堯，是一位國際培訓師，主要教導人們銷售技巧、表達魅力、公眾演說和兩性關係，目前在台灣、中國大陸、馬來西亞與新加坡開課程。「魅力表達」這個能力，是我從小就開始接觸與學習，它讓我在求學、當兵，以及出了社會後，更加懂得如何表達自我以及與他人溝通，對於從事以銷售為主的我來說，真的是一個非常棒的專長。

隨著在社會上打拼的時間愈長，我也漸漸地忽略健康的重要性，畢竟每天都非常地忙，應酬、講課、進修、提升自我、家庭……等，在大多是外食的狀況下，不只是身材開始變形，到後來也漸漸影響到我的工作。記得有次在對岸培訓，身高一八七公分的我當時已經接近一百公斤，在培訓的過程中，我發現講話會愈來愈喘，而且衣服綳得很緊，真的非常不舒服，雖然當下我還是撐著把課程上完，但結束後，我下定決心要開始瘦身，再這樣肥胖下去真的不行，我可能連一場演講都沒有辦法順氣的說完，況且我還有許多的事情要做，這樣的肥胖不是一個好的徵兆。

過去，我曾經嘗試一家公司的瘦身計畫，首先在飲食上要以清淡水煮為主，更搭配許多低升醣食物，少鹽少油更是基本……說真的，這真的很有難度，但是我依然每天早起準備我自己一整天的飲食，努力地執行整個一百四十天的計畫，那次我瘦了十公斤，但是，這個過程我必須坦白說，真的是靠意志力撐下來的。

直到這次，一位多年的好友找我吃飯，請我為她的新公司做培訓。當時的我，原本已經準備要自己進行第二次的一百四十天計劃，但發現她的改變，她瘦了好多！秉持對於老友的信任，我二話不說就加入了這個新計畫。而這個計畫以及我的老友教練，也真的沒有讓我失望，讓我順利在五十天內瘦了近十七公斤。

因為相信，所以看見

我是台灣第一批的見證者，在身為教練的朋友指導下，乖乖聽話照做，十八天，我就瘦了十公斤，五十天下來，總共瘦了十六點四公斤，這期間內有三個星期，我在大陸出差，每天都在應酬吃喝，但依然瘦了。這套計畫所搭配的飲食控制，相較我之前執行的一百四十天計畫，真的輕鬆多了，更不用一直帶著水煮的便當跑來跑去。

我真心的覺得這是老天送來的禮物，當整個外型苗條下來後，我的精神狀況、體力以及健康報告，都一再地呈現，我的身體重返健康的數值，而且狀態更好了。這真的很神奇，因此我也在我的臉書與個人微博上面分享我的喜悅與奇蹟。

在我當時瘦下十公斤時，就已經有很多人來追問，我知道如果我要服務好他人，勢必要提升自己的專業知識，因此開始去了解整套的原理，了解該如何協助他人，並且跟著我的教練一直學習，及考取相關的證照，成為全台第一位男性體脂管理師。

在這樣持續服務他人時，也有一群人默默地出現，他們也是因為自己成功瘦下來後，開始熱心分享與協助他人瘦身，這些人跟我一樣，想要為更多的人服務、為他們身邊的親朋好友服務，他們想要瞭解更多的細節，更多的案例，想要知道更多讓人健康的方式，同時最重要的事，他們認同我的信念：「我為人人，人人為我。」因此，就這樣順理成章的成為新的種子，新的教練，這也是我後來成為總教練，開始運用我的培訓專長帶領並指導他們的最大動力，因為他們跟我一樣，都想要為更多人服務。

瘦的不只是體重，更是信心希望的重建

有許多的健康狀況，都是因為肥胖引起的。絕大多數的胖子，都是營養不良的，因此從根本的飲食管理開始，是非常重要的，但真正具備價值的是，這些自身已經成功，並且受過專業訓練的教練群，他們知道如何協助學員正確地飲食、正確地使用輔佐的產品，了解每一項數值變化的差異，並且給出適時的建議與指導。

因著我們自己找回了健康的身體，進而協助身邊的人健康減脂，這是個很大的成就感。現在大多數的國家，肥胖都是引起疾病的主因之一，像是在中國，已經針對肥胖推出相關的宣導與計畫。未來的時代也是大健康產業的時代，為此，我也申請了相關的協會一起共同宣導正確的健康減重觀念。未來也將透過這個協會，協助有心想要成為教練的人們，有合法專業的管道可以學習，進而幫助更多的人。

人在肥胖時，其實比較容易放棄與自我責備。因自己的外型長期不討喜，又不在一個健康的狀態下，人很容易偏向負面的思考，相比之下，身體

在健康值範圍內的人們，抗壓性、樂觀度都會稍稍比較高。這其實是一種心理層面的狀態，甚至這樣的心理因素，還會影響周遭的人。

幫助一個人瘦身，第一個影響的是健康數值的恢復，第二個影響的是外型的自然美化，往往第三個影響的就是內在的心理價值升高，當一個人對自己有信心時，發現自己的外在更容易讓人稱讚時，自信與熱情將會跟著提高，連同身邊的人也會有所改變，以及被激勵。

而這樣也會讓人願意改變自己的行為模式與生命的故事，在人生的道路上變得更加積極主動與樂觀。在我們累積的這些瘦身案例中，已經有太多的例子證實這件事情，我們計算過，我們協助過的所有人所累積瘦下來的體脂，一定超過了五千公斤，這些不只是脂肪，而是一個人生新的開始，一個新的生活與希望，這是讓我們在服務他人時，得到最大的感動。

教練，不只是教練，而是你的朋友

我深信：「一個人做一件事情的態度，就是做所有事情的態度。」在減重開始的階段，是否真的有好好的對自己負責，照著應該實行的計畫進行，在過程中是否熱情分享，幫助身邊的人，有沒有同理心……等等，都是很重要的教練評估關鍵。而這二十位教練，我必須說他們都非常地優秀，在每一個人身上，我都看到許多的光芒與力量，教練不是一個輕鬆的職務，許多人瘦身要的是陪伴與鼓勵，教練要在乎他人，要有廣大的愛，要願意多做事，才能成為一名好的教練，工具只是剛好用來提高效率，但是態度才是真正的關鍵。

好的教練會在你想偷懶時鞭策你，會在你失落時鼓勵你，這都需要很大的愛與包容，甚至是耐心，這也是我堅持要用教練的方式帶領這樣的瘦身計畫。唯有親身自己瘦過的人，最可以感同身受，這才會是真正可以成就他人的原因。

成就別人，就會成就自己

「幫助他人成功，自己就會成功。」這句話絕對是真理，因為老師就是領袖！

我自己身為一位培訓師，現在更是體脂管理的總教練，協助這些教練成長茁壯，讓他們在服務他人的同時，也為自己的健康、事業同步成功，這就是我身為總教練最大的成功與喜悅。不論你是誰，只要保持正面的信念，你的人生一定會更加精彩。

最後，好好享受這二十位教練精彩的生命故事，相信對你一定有所啟發。還有，我們愛你！

5000公斤的希望Tips

我的老師教導我：

第一：勞者才會多能

第二：善待陌生人

第三：我為人人，人人為我

張為堯 Allen 教練說：

「照顧好自己，愛自己才有能力愛別人。好好生活、用心工作、讓自己更健康、多關心身邊的人。不管做哪一件事情，擺正心態，全力以赴，持續累積每一個成果，人人是貴人，處處是美景。為自己的人生負責任，就能夠踏實的走向更美好的未來。」

如何聯繫我

FB 粉絲團：

非愛不可張為堯

Contents

03 —— 逆轉命運不分彼此

01

勇於成就更好自己

因夢想而前進，
因相信而成真

鄭聲平 Jackie 教練

嗨，很多人叫我 Jackie，二〇一七年六月二十七日，是我生命中的一個奇蹟日。我站上體重計，螢幕顯示出「七十點八公斤」時，我內心激動不已！久違二十年的數字！重返這個體重，只花了一個月！一個月而已，這個奇蹟，是我自己親眼看見的。

發福，應該是成功的象徵吧？

我是一位從事企業教練培訓二十多年經驗的培訓師，二〇〇三年接受一家港資培訓顧問公司邀請，到深圳從事企業高階教練培訓工作。在中國，這個行業的需求量很大，後來也慢慢延伸回到台灣的企業。

基於工作的性質，到處飛、到處跑，到處應酬都是常態，畢竟有公司的地方，就有服務商機。我接觸的人，都是各個專業領域的老闆或高階管理者，這樣的機緣，讓我結交了不少好朋友，更有緣帶著我學習與認識如何欣賞鑒別普洱茶、葡萄酒。廣交好友，品嚐美酒美食，真是人生一大樂事，這樣好吃好喝的薰陶下，我的體重直線往上狂飆，最重時高達九十二公斤。

在這過程，許多朋友會恭維我：「發福，代表事業有成！」因此也習慣與認定自己的增長，反而忽略關注自己的體重其實已經嚴重超標，甚至影響健康。

美食美酒馬拉松的致命吸引力

八年前，從幾位酒友口中得知，在法國著名葡萄酒產區波爾多，有一個歷史悠久的「梅多克紅酒馬拉松」，這個馬拉松始於一九八四年，至今已有三十多年歷史，比賽時間在氣候宜人的九月初。

全程四十二點一九五公里，途徑四十多個酒莊，包括波爾多各大頂級酒莊，結合了葡萄美酒、美食、Cosplay裝扮，成為海內外酒友跑友熱烈討論並參與的馬拉松賽事！這樣的美酒美食盛宴，我怎可能讓自己錯過。因此，參與這個馬拉松成了我的朝聖夢想。

對於當時已經很有份量的自己來說，不免有個惡魔聲音在腦海中飄現：「我已經多久沒有認真跑步了……上一次跑長距離應該還是二十多年前當兵時期吧，而且只有三千公尺，這可是四十二公里啊。」這樣的聲音一直在腦中跟我的天使拔河著，但當一個人真的要做一件事情時，上帝真的會給他機會。某一日，我看到一個參加過我葡萄酒課程的朋友，發了一個跑步訓練營相關的文章，一位快四十歲的家庭主婦，她說自己之前完全不跑步，四個月前參加了一個跑步訓練營，有專業教練的指導，不但成功地學會如何跑步，並且已經完成了十公里的畢業跑。

夢想，縱使再不可能也要試試

對於當時一直處在想去挑戰跟完成夢想，卻有許許多多顧慮的我來說，這真的是一個大大的恩典，我立刻諮詢了那朋友，並採取行動報名課程。二〇一五年十一月二十九日，踏入了洋星教練組織的深圳開跑訓練營，從每一個基本跑步準備動作慢慢學起。當天下午的測試跑，光是兩公里，就讓我跑到上氣不接下氣。

人生中沒有誰一開始什麼都會的。當願意放下自己內在的那個自尊，願意真心好好學習，沒有學不會的事情。透過這個訓練營，及優秀的開跑教練群的諄諄善誘、循序漸進指導下，每週定期的深圳灣約跑，我慢慢練習並體

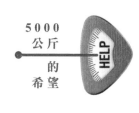

會每一個跑步的細微動作：抬腿、擺臂、呼吸、抬頭、眼神視線方向。

跑步的距離從一開始的三公里、四公里、五公里、不斷持續增加。終於，在二〇一六年五月一日早上，我完成了我生命中的第一個十公里慢跑，總計花了一小時二十六分，平均配速是每公里八分三十四秒！這一刻，我多麼地開心啊，那種興奮與成就感，讓我當下就決定報名二〇一六年度九月的第三十二屆波爾多紅酒馬拉松。

當教練知道後，立刻提醒我，如果要順利完成馬拉松，練習一定要持續，四十二公里的馬拉松，是需要妥善準備的，在九月來臨之前，每個月的跑步總量，至少應達到一百五十公里，身體才能負擔支撐整個馬拉松的強度。

當下聽到後，立刻試算了一下：「什麼！一個月跑一百五十公里，若是平均分配到四週，等於每週至少要跑三七點五公里，那不就是每天要跑五點三六公里！如果有一天沒有跑五公里，第二天應該要累積跑十多公里！」算完我都傻了，是不是太過樂觀，而且，那時候每練跑一次，因我過重的體重，腳踝都會疼痛，需要休息三到四天，才能再練習跑一次。

換句話說，一直到九月出發法國時，始終累積不到教練要求的月跑量，更別說至少該跑個一到兩次半馬，讓身體先適應長途跑步的狀態。我就這樣用一個無敵菜鳥的身份，懷抱著想要實現夢想的心，去了波爾多的馬拉松，想當然爾，結局一定不會太好：經歷三個多小時，在全身酸痛、兩條腿嚴重抽筋到已經不是我自己的狀態下，於第二十一公里處，被裁判划線要求退出。我只完成了一半的旅程，就被刷下來了，而那時的我也真的無法再繼續跑了，這就是我人生第一個馬拉松的結局。

失敗，不是成功的對立，而是基石

許多人遇到了失敗，就會退縮，總覺得失敗很可恥，好像真的自己就是一個失敗者，不應該再去嘗試。這完全是個錯誤！我擔任企業教練多年，深深明白「失敗為成功之母」這句話，完全是個真理。

沒有誰天生就會經營企業，也沒有誰天生就什麼都會，成功的企劃往往是從錯誤中持續學習調整而來的。愈是快速認清事情，勇於改正的企業主，企業成長的機率愈高。同樣地道理，一樣可以回到自己身上。

因為被刷下的結果，我下定決心，回到亞洲後，重新開始訓練，給自己更多的時間來準備。我也報名其他的馬拉松為自己累積經驗，十二月的深圳國際馬拉松，那次的半馬，我的成績進步了一點點，到第十五公里處才開始大腿抽筋，二小時五十三分鐘，跑到了終點！那時的我，體重還有八十八公斤，是誰說只有瘦子才能跑馬拉松的？完全沒有這回事。

許多朋友會告訴我：「Jackie，這樣的成績，對第一次跑步的人來說，已經算是很漂亮的了，不要把自己逼這麼緊。」但是，我的最終目標是波爾多紅酒馬拉松的全馬跑完，我想要站在終點的特別招待美食區那邊，喝著勝利的美酒，品嚐著成功的美食，而不只是完成半馬而已。我知道自己可以做到，如果當深知自己可以辦到卻放棄，那樣的內心糾結與痛苦是我無法接受的。

因此，完成十二月的半馬後，我繼續認真節食，每餐都吃沙拉、少吃米飯麵條等等，積極鍛鍊，目標是要減少十五公斤的體重。我心想著，減輕身體的負擔，好好再練習半年，應該就可以順利完成二〇一七年九月的波爾多馬拉松了！但真的這麼順利嗎？並沒有。

二〇一七年四月初，我發現一個超級嚴重的問題！不論如何少吃多運動，我的體重一直停滯在八十二公斤到八十三公斤之間徘徊，再也無法瘦下去，跑步配速也一直快不起來，大約每公里七分鐘！因此，我開始有不祥的預感，依照這樣的進度，估計九月的挑戰難度會增加！而且，跑步後腳踝疼痛的現象依舊，一個月總跑量仍然無法超過一百公里！距離教練跟我說的總量還有一大段的差距。

就在我幾乎覺得快要放棄時，上帝又送來了禮物給我。某天，我在臉書上發現，二〇一七年三月偶遇相認的二十五年老友——張為堯，一個不愛運動、身高一八七公分，體重九十五公斤的大胖子，突然瘦下來了！不到兩個月的時間，竟然剩不到八十公斤！整個外型上面，變得修長有精神，也看不太到什麼贅肉，這照片不可能修這麼大，而且還是每張都修，這還得了！這不就是老天送來的奇蹟嗎！我急需要的奇蹟啊！因此我立刻約他請教如何辦到的！

一個重新開始的機會

在老友為堯的協助下，我明白他除了培訓師之外，又多了一個體脂管理師的身分資格。我非常聽話地接受他的科學減重、減脂教練指導，成功地在

一個月的時間內，減重十一點五公斤，同時脂肪更減少十二公斤！這是我每天測量體重的結果，數字真的會說話！我的體脂肪，包括內臟脂肪都在減少中，肌肉居然還增加了！第一次看到體重計，還一度以為壞掉了，怎麼可能呢？

當發現一切都是真的時，我真的開心到不行，停滯這麼久，終於又看到體重持續下降。數字不會騙人，我自己的感受也騙不了人，整個身體都輕了！跑步呼吸更加順暢，速度也快起來了！最重要的是，每次跑步後困擾我的腳踝疼痛居然不疼了！過去的疼痛，真的是與自己體重太重，讓腳踝膝蓋超負荷有關係！

透過科技減脂瘦身，我學習到一件很

重要的事：之前沒有先減脂瘦身就跑去參加長時間的馬拉松，是存在很高的健康風險，因內臟脂肪與血管壁的脂肪還未消除，大量有氧的運動，對心血管的負荷壓力非常大，還好上帝有保佑我，不然心肌梗塞的機率真的不小啊！

這樣瘦下來後，二〇一七年六至七月間，我終於享受到跑步的樂趣，身體變得輕盈不說，我的腳踝與膝關節的負擔已經不再困擾我，同時為了測試承受能力，從六月二十一日起，每天練習跑步，一直到七月二十七日，連續三十七天不間斷，平均一天五公里。六月累計跑量七十六點二六公里，七月累計跑量一六九點六四公里！平均配速是六分四十一秒！沒有一天腳踝疼痛！這對我來說，是多大的福音與恩典。

美夢成真的無限感動與喜悅

二〇一七年九月五日，我再次踏上波爾多的土地，九月九日，我與一群台北出發的酒友們，站在紅酒馬拉松的起跑線前！這次，我準備充分，非常興奮期待，承諾自己一定要完賽！

我用了教練提醒我的配速，六分三十秒，不快不慢地跑著。這一天的天氣還算涼爽，沿著男爵酒莊、靚茲博酒莊、雄獅酒莊持續地前進。我的策略是，反正前二十公里路線與二〇一六年完全相同，毫不留戀，爭取二小時三十分通過，大會規定的完賽時間是六小時三十分，那我還會有四個小時可以慢慢品嚐後半程的美食美酒！我穩穩地跑著，終於來到了去年被划線淘汰的同一個丁字路口！看了時間：兩小時十分，比我預估的時間快了二十分鐘！

同一個路口、同一段路綫，一年的時間，我用快了一個多小時的時間跑完了！當下的我，淚流滿面……那種內心的期待與澎湃，已經不是文字可以說明的。這個我自己人生歷史上的轉折點，我刻意放慢了步伐，回想去年此時，被迫向右轉離開時的感受，以及今天可以重新在這個地方作出不同的選擇，真的讓我感動無比。我稍稍停留了一下，將我的喜悅發了臉書與朋友圈，告訴關心我的好朋友們，這次，我將繼續，向左轉往前跑下去！接下來，我還有四個多小時時間，可以開心地好好感受這最歡樂的嘉年華派對！這也是我辛苦的犒賞。

終於，七年來的夢想，四十二點一九五公里的紅酒馬拉松，大會成績是

Jackie

减脂前

2017年05月27日

减脂后

2017年09月02日

体重：	82.8	kg	➡	66.6	kg
脂肪：	28.6	kg	➡	13.7	kg
体脂率：	34.6	%	➡	20.5	%
内脏脂肪：	17.0		➡	7.0	

六小時零九分，我自己計時是五小時五十一分，二〇一七年紅酒馬拉松，我夢想七年的目標，完成了！拿到夢寐以求的完賽獎牌與紀念紅酒，最棒的是，完賽選手，可以再進入一個充滿食物美酒的帳篷裡，繼續吃吃喝喝！享受著勝利的喜悅與獎賞，這就是我最愛的馬拉松。

因共同的目標，開啟新的事業領域

在那一個月的減脂瘦身過程，身邊的朋友開始陸續詢問甚至是追問，但說真的，一開始我自己也是瘦的不明不白的。因此，在我請老友協助的同時，也開始去了解整套科學減脂的機制與背景。當初的我，是看到老友的瘦身成功經驗，加上對他的信任，毅然決定參與這個瘦身方式。

現在我已經成功，而我想要對得起朋友們的信任與責任，因此，我自費進修、深入學習所有邏輯原理，並且參加了體脂管理師的認證考試，獲得了高級體脂管理師認證，讓相信我的朋友們，可以得到更扎實與專業的協助。

我是一個喜歡分享的人，也是個不藏私的人，在自己瘦身的同時，學會了許多專業的健康知識與減脂技術，跨進這個領域也是我始料未及的。但，不管是因為哪種原因想要瘦，看到可以協助這些朋友們瘦下來，以及看到他們越來越健康、越來越美麗帥氣，真的讓人非常地興奮。

我自己做教練多年，其實再多做一個領域或許並不難，但可以多幫助到一個人、甚至一整個家庭的健康幸福，對一個指導的教練來說，就是一個奇妙的恩典。

5000公斤的希望Tips

- 任何事情都需要好老師、好教練、好的顧問；企業管理要，跑馬拉松要，減脂更需要！
- 瘦身真的不難，瘦的健康卻很難！減少體重不難，減對地方減少脂肪卻很難！
- 瘦身者需要更正確的健康瘦身觀念，更了解脂肪代謝的邏輯，而不是道聽途說的減重秘密。

・一個美好的目標，有時是啟發自己行動力的重要關鍵！

鄭聲平 Jackie 教練說：

「如同過往我輔導過的上百家企業的領導人一般，不是別人成功的方法直接套用一定等於成功，需要根據每個企業、每個人，了解現況後的量身打造方案，執行後還需要隨時的檢視修正，才能朝對的目標有效前進。期待每個朋友擁有的不只是輕盈的身形，更有健康迷人的風采！」

如何聯繫我

鄭聲平 Jackie 教練

FB：Jackie Cheng

微信：jackie764288

Line：ciachjk

5000公斤的希望・瘦身小學堂

第一堂課：認識七大營養素

人體必須七大營養素：
水、蛋白質、脂肪、碳水化合物、礦物質、維生素、纖維素。

水

水是地球上最常見的物質之一，也是生物體最重要的組成部分。人體內的水分，大約佔到人體體重的百分之六十五。人體一旦缺水百分之一到百分之二，會感到渴；缺水百分之五，口乾舌燥、意識不清；缺水百分之十五，心跳急促、意識幾近消失；缺水百分之二十，則會暈倒。在完全沒有水分攝入的情況下，人很難活過三天。

水的重要性僅次於氧氣。人體所有代謝反應都發生在水介質中，每天大概需要兩千五百毫升的水。

蛋白質

蛋白質是組成人體一切細胞、組織的重要成分，它是維持生命不可缺少的物質，蛋白質約佔人體全部質量的百分之十八。人體中的血液、肌肉、神經、皮膚、毛髮等，都是由蛋白質構成的。

脂肪

脂肪對生命極其重要，是細胞內良好的儲能物質，主要提供熱能，保護內臟，維持體溫，協助脂溶性維生素的吸收，參與身體各方面的代謝活動等。

碳水化合物

碳水化合物是生命細胞結構的主要成分及主要供能物質。人體一旦缺乏將導致全身無力、疲乏、血糖含量降低，產生頭暈、心悸、腦功能障礙等症狀，嚴重者會導致低血糖昏迷；一旦過量則會轉化成脂肪儲存於身體內，導致肥胖，甚至引發高血脂、糖尿病等各類疾病。

礦物質

礦物質是人體內無機物的總稱。礦物質和維生素一樣，是人體必需的元素，主要包括常量元素和微量元素，也是人體代謝中的必要物質。

維生素

維生素又名維他命，雖然它既不參與構成人體細胞，也不為人體提供能量，卻是人和動物維持正常的生理功能所必須的一類微量有機物質。維生素是酶參與催化的輔助因子。因此，維生素是維持和調節身體正常代謝的重要物質。

纖維素

纖維素是一種重要的膳食纖維，是自然界中分布最廣、含量最多的一種多糖，佔植物界碳含量的百分之五十以上。

纖維素分水溶性和非水溶性兩類。非水溶性纖維素可刺激消化液的產生和促進腸道蠕動，吸收水分利於排便。

追求完美極限
活出最美的自己
詹如玉
Doris
教練

教練曾經對我說：「妳的減脂起點，卻是別人的終點。」

我是名符其實的「泡芙人」，雖然體重才減五點一公斤，但在減脂前，體脂率曾經高達百分之三十，不過現在已經減到百分之二十二，連馬甲線都出現了。

四十六歲的我，比年輕時還要瘦，這是我一輩子作夢都不敢奢求的，然而，常常因為身材被讚美，終於相信，只要再給自己一次機會，美夢一定會成真。

我的肥胖陰影：養生習慣不敵家族基因

我一直就是個注重健康養生的人，因為家族遺傳的關係，大部分的親戚都是肥胖體質，我的媽媽身高一五六公分，體重大約七十公斤左右，從小看著自己的媽媽胖胖的模樣，我的心中一直埋藏著自己將來也會變胖的陰影。

尤其當我的朋友們總打包票說，以後等我生了孩子，就會變得跟我媽媽一樣。沒想到，朋友們當年半開玩笑說的話，竟然應驗了，我……真的胖了！

懷孕前，體重都維持在五十三到五十四公斤之間，生完孩子後，產後肥胖的體重一直降不下來。

懷孕的時候沒有顧忌，一不留心就把自己給餵胖了，臨盆前的最胖體重胖到六十七公斤。等生完以後，六十公斤的肉擺在我身上，才發現竟然這麼難瘦！我不敢想像，自己產後的身材，居然就這樣子回不去了！直到小孩一歲半的時候，我的體重仍然維持在接近六十公斤，怎麼樣都瘦不下去。

在那一年半的肥胖過程中，對我這麼一個愛美的女人而言，簡直是場可怕的惡夢，老實說，處女座的我，是無法忍受這個樣子的自己。當中也試過各種方式，想盡辦法要讓自己瘦回去，好不容易熬到小孩可以去上學了，我立刻展開我的「無所不用其極鏟肉計劃」！

千變萬化的減肥妙招，毫無起色的挫折結果

想瘦的念頭，促使我有決心、也有勇氣去嘗試各種不同的瘦身方法。

江湖中傳聞已久的「奶昔減肥法？我也試過，一天喝了八杯特別的營養奶昔，那時花了十幾萬元，喝了三個月的奶昔，也只瘦了將近三公斤。中醫減肥我也試過，中醫師讓我吃藥，但因為藥粉實在太苦，後來中醫師替我

改成膠囊，結果膠囊對我來說太大，卡在食道中差點就要喊救命，為了這瘦不下去的幾公斤，我幾乎像是在拚命。

我的處女座個性，原本是個對任何事情都保有自信心的人，但當我曾經肥胖的那段時期，我發現自己變得沒有自信了。去買衣服的時候，可能因為身材太胖了，衣服穿不下，其他的客人就在旁邊冷嘲熱諷地投以異樣眼光。

雖然我不知道，她究竟在嘲笑我什麼，但心裡卻覺得很受傷。

後來服飾店的老闆娘來打圓場，說我才剛生完沒多久，結果那位客人就看了看我的小孩，用諷刺的口吻故意說：「妳看她的孩子都一歲半了，這哪是剛生完的樣子！」那一刻，我真的覺得自己的肥胖身材被狠狠地羞辱了。

也因為胖，就懶得打扮，覺得反正再怎麼努力打扮，穿什麼也還是不好看，自信心嚴重受創。我的人生中，第一次有「難道我就這樣過了一生嗎？」那種強烈的恐懼感。

連我的先生都對我說：「有人說，如果要看你老婆未來老了以後的樣子，就去看你的丈母娘。」這句話讓我非常恐慌，心想先生說的沒錯，生完以後的我，肥胖的肚子，和一張圓臉、雙下巴，真的就是胖給大家看。

那一刻，我打從心底決定，我要改變！

一杯咖啡開啟了我的減脂緣份

我會接觸到「科技減脂」這個瘦身領域，是因為跟為堯老師的一場緣份。原本我是參加為堯老師的業務培訓課程，上課之後，彼此互相加了臉書，透過為堯老師在臉書上分享他自己喜悅的成果「五天瘦五公斤」，瞬間激起了我的好奇心。

那時候我的體重是五十二公斤，非常想再往下減幾公斤。我問為堯老師他是怎麼變瘦的？為堯老師只回了我一句：「妳請我喝咖啡，我就告訴妳。」於是我們就約了見面，一起喝咖啡。見面之後，為堯老師就把他自己減脂的過程，跟它的瘦身原理告訴我，我也看到許多減脂的數據，看完之後，我覺得信心滿滿，我一定做得到，這方法一定非常適合我這種「泡芙人」。

於是，我決定馬上開始執行自己的減脂計畫。其實為堯老師看見我的時候，認為我並不需要再減了，因為我的減脂起點，是人家的終點，身高一百五十九公分的我，從五十二公斤再往下減的空間實在有限，非常好奇，我為什麼還要減脂呢？

我要嚴格執行減脂的原因很簡單，就是我恐懼自己肥胖的樣子。

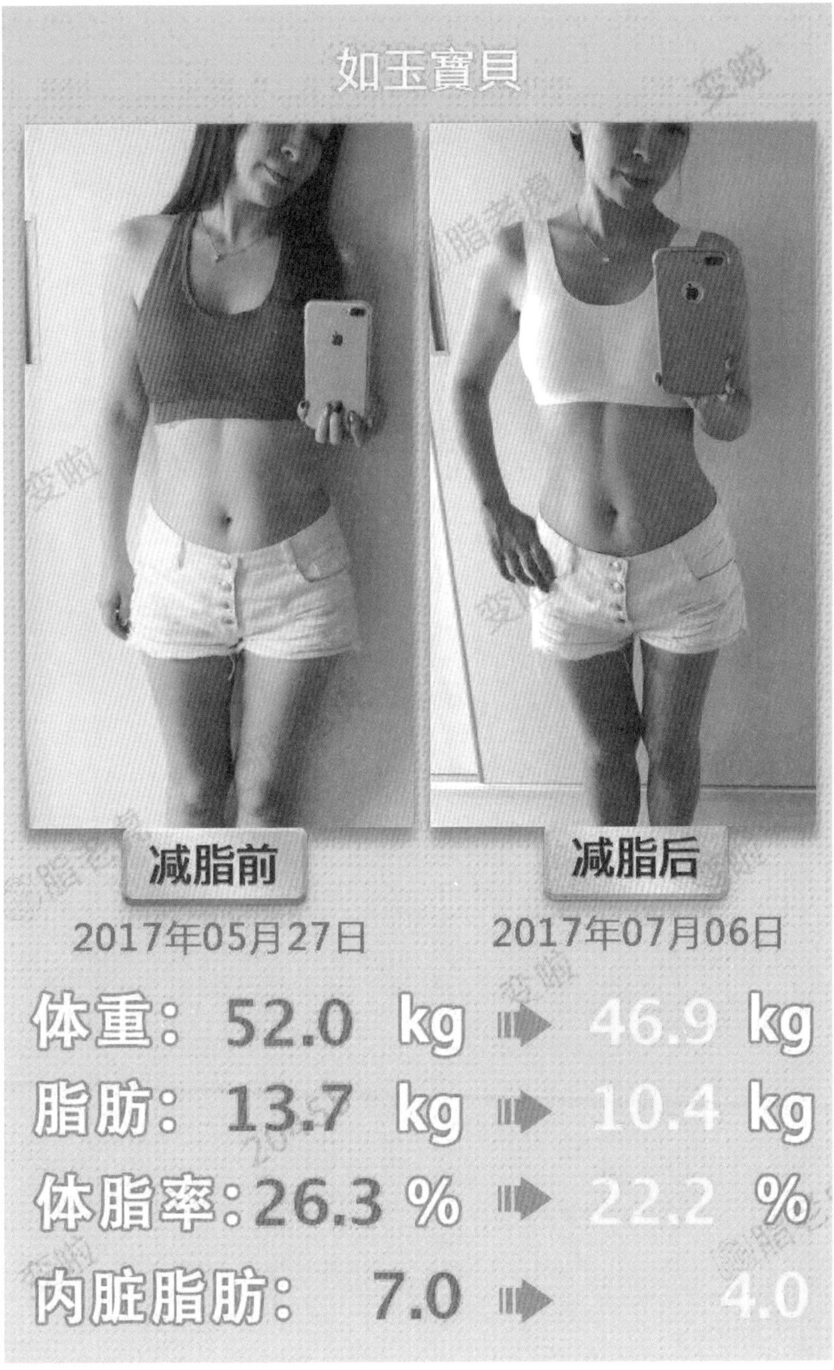
如玉寶貝
減脂前
減脂后
2017年05月27日
2017年07月06日
体重：52.0 kg ➡ 46.9 kg
脂肪：13.7 kg ➡ 10.4 kg
体脂率：26.3 % ➡ 22.2 %
内脏脂肪：7.0 ➡ 4.0

還有一點，因為我的體脂肪比較高，雖然我那時看起來是瘦瘦的沒錯，但我的體脂率一直偏高，這是一個隱憂，很容易復胖，所以我才下定決心，想要一次徹底解決。

另一個原因，是因為我想要維持一個勻稱的體態，不希望隨著年紀的增長，外表就變成別人眼中的歐巴桑。如果可以有方法讓自己變得更好，為何不去嘗試呢？

於是，我花了四十天的時間，將這最困難的五點一公斤減掉了。因為我的載體本來就小，脂肪數也不多，所以採用低速減脂方案，很輕鬆愉快的瘦下來。

一般載體大的人，運用「科技減脂」的方法，瘦下來的速度會更快，看起來的成效也比載體小的人要更明顯。

嗨，請叫我男神女神製造機

我是個不愛運動的人，但卻是那種會乖乖按照教練指示，認真去執行的好學生。利用「科技減脂」的技術，搭配全營養餐，按步就班，紮紮實實的完成每一個階段的目標。

成功瘦下來之後，我也成為了一個減脂教練，幫助其他人減脂。很多人都來問我，到底是怎麼瘦的？當我幫助了很多學員成功瘦下來之後，這些學員都會在臉書上 tag 我，謝謝我的支持跟協助，也就因為這樣，越來越多的陌生人會主動跑來找我。

雖然我本身瘦的公斤數不多，但是他們會覺得很好奇，我是如何幫助那麼胖的男學員，讓他們成功瘦下來。從二〇一七下半年約六個月時間，我跟我們的團隊教練，總共幫助了五百個以上的人，減掉超過五千多公斤的脂肪！

有時候，我甚至會覺得自己是「百斤俱樂部」的教練，為什麼要叫百斤呢？因為有很多超過一百公斤的男生請我協助他們減肥。同時，我也覺得自己像個婦產科醫生，專門負責接生久孕不產，替一個個挺著大肚子的胖子「接生」，畢業的時候，肚子都不見了，全都變身成潛力十足的大帥哥。也由於協助成功的學員很多，所以大家都稱呼我是「男神女神製造機」。

我有一位一百一十七公斤的學員，經過了一百多天，成功瘦下來之後，現在身上的體重是八十二公斤。另外有一位，來找我的時候一百零八公斤，瘦下來後剩下七十六公斤。還有一個二十二歲的年輕小男生，因為長期讀書坐在位子上，除了讀書，就是一直吃一直吃，也不懂得照顧自己的身體，原本一百零三公斤的體重，瘦到目前已經是七開頭了。

後來這個小男生告訴我，他最巔峰的時刻，曾經飆升到一百一十三公斤！他曾經以運動的方式去瘦身，雖然瘦了十公斤，可是膝蓋卻受傷了，還因此開刀。因為身體太重了，那時他並不知道，這樣的過胖體重是不能單靠運動減肥。

前幾天我再看見他，一百七十六公分的身高，已經從一百零三公斤瘦到七十九公斤了，他非常的開心。

他感動地說，這是他人生到現在為止，最輕鬆、最簡單、最健康的一次減脂經驗，雀躍不已的他，甚至還開玩笑怕自己的媽媽會不認得他了，怎麼會瘦成那麼帥！

愛美是女人終生的志業

當我開始真正瘦下來之後，才發現我媽媽送給我一樣很棒的禮物，原來我的身上也有二條漂亮的馬甲線！當我從五十二公斤瘦到四十六點九公斤的時候，成功的減脂，也把肚子上的脂肪減掉，於是這馬甲線自然就跑出來了，而我之所以從來都不知道自己會有這樣子的線條，是因為，我從來也沒有這麼瘦過，這大概是國小曾見過的體重了。

但要補充說明的是，並不是每個人減脂以後，都一定會有馬甲線，所以我才覺得非常感恩，謝謝我媽媽送的這份禮物。許多人看到我瘦下來以後的照片，會追著我問，這樣的線條，是到哪一家健身房運動健身的？

因為腰部的線條，大家甚至誤以為我是個健身教練，要我幫助他們健身，我只好抱歉地告訴他們：「我只會減脂，不會健身。」很有趣吧，我明明就是一個最不愛運動的人，卻因為體態的改變，我也開始花錢去報名健身房，請專業教練指導我，讓我能鍛鍊出更完美的體態。

未來會不會成為一個健身教練，我還不知道，但是，現在的我確定是個減脂教練！想變男神、女神嗎？有我在，你一定辦得到！

5000公斤的希望Tips

．不喝加工的飲料，只喝水或天然飲品。

．買衣服，一定挑選合身的，絕不穿寬鬆的服裝，這樣才可以隨時提醒自己，維持好身材。

．無論再怎麼忙，我每天早上一定會上秤量體重，這個每天關注自己的體重的舉動，就會成為一種習慣，也是維持自己好身材的基本。

．一個人的生活態度，是自己去養成的。只要把這三個小妙招，持之以恆進行，自律讓你自由！

詹如玉 Doris 教練說：

「關於減肥這件事情永遠是：瘦子在努力，胖子在猶豫。最可怕的是……在你猶豫的時間裡，比你美麗的人更加美麗

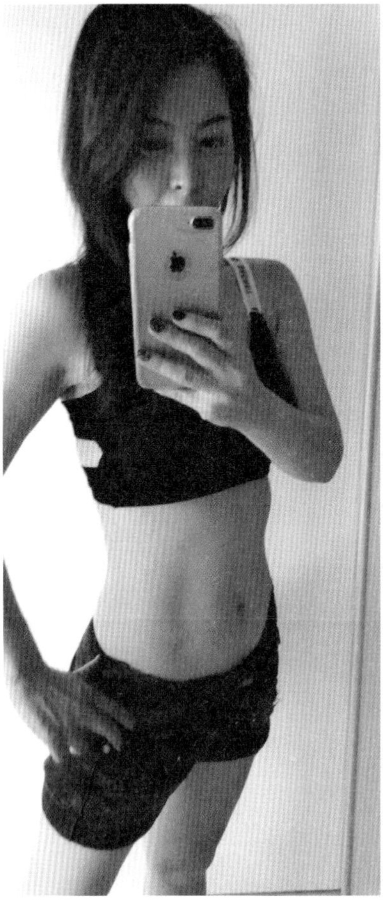

了。不要給臃腫的你找藉口，想瘦誰都攔不住你！我始終相信，努力的女人，終將過上與努力相匹配的生活。我很喜歡現在的我，願大家都能活出自己想要的樣子。」

如何聯繫我

詹如玉（如玉寶貝）Doris 教練

微信：Doris1855

LINE：Doris1855

FB：https://www.facebook.com/
100000740257547

第二堂課：三大能量物質的相互關係

蛋白質、脂肪和碳水化合物三大營養素除了各自有其獨特的生理功能之外，還都是產生能量的營養素，在能量代謝中既互相配合又互相制約。例如，脂肪必須有碳水化合物存在，才能不至產生過量酮體而導致酸中毒。

碳水化合物和脂肪在體內可以互相轉化、互相代替，而蛋白質是不能由脂肪或碳水化合物代替的。但充裕的脂肪和碳水化合物供給可避免蛋白質被當作能量的來源。當能量攝入超過消耗，不論這些多餘的能量是來自脂肪還是來自蛋白質或碳水化合物，都會轉化成脂肪積存在體內，從而導致肥胖。

碳水化合物、脂肪、蛋白質被人體消耗的順序也不一樣。簡單來說，就相當於我們現金、家裡的存摺和房子，如果去買菜，我們最先動用什麼財產？一定不會把房子賣了去買菜吧？最先動用的一定是口袋裡的鈔票。所以身體的三種能量物質不管你做什麼運動，首先消耗的肯定是碳水化合物。當口袋裡的現金（碳水化合物）耗竭了，不得不去存摺裡取，這時候脂肪就開始被消耗，當脂肪上的錢接近耗竭後，才會動用不動產（蛋白質）。

節食減肥一開始效果會比較明顯，其實身體在這個階段消耗的是碳水化合物而不是脂肪，一旦稍有放鬆體重就會反彈。過度節食減肥到最後消耗的則是蛋白質，會出現暴瘦、厭食症等不健康狀態。營養學家認為，如果刻意節食，身體就會處於低營養狀態，長期處於低營養狀態勢必會使器官本身呈現慢性飢餓狀，使臟器機能失常。

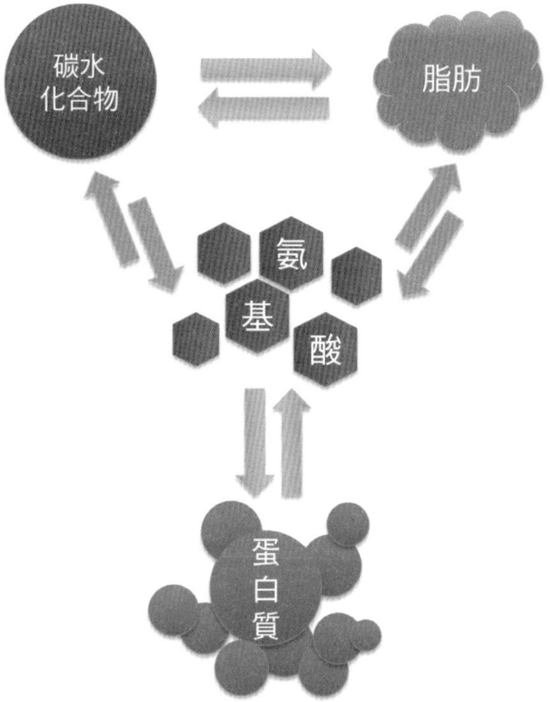

▲ 人體三大能量與物質的關係

覺察自我，
每個生命
都值得更美好
蔡鐵瑩
Shona
教練

人生難免有不如意，我的生命也曾經經歷過許多挫折、坎坷，不過，那些對我來說，都是份禮物。因為那些事情都沒有真正地殺死我，而一切殺不死你的力量，都可以使你更強大。我很早就獨立，也不懂得何謂放棄，我不需要人家來認同我，我只根據我自己的價值觀過生活。

決心，驅使我往目標的道路前進

當我下定決心，要做一件事情，我就會去做，即使是像減脂這樣的事，一旦立定目標，也一定會想辦法達成。就算有時候胃部會很空虛，但只要想到目標，一時的不舒服也算不了什麼。況且，我們並非採取激烈的方式，只是我正確選擇吃進我胃裡的食物，跟之前的大吃大喝完全不一樣罷了。

因為飲食跟之前不一樣，有時候會有饑餓感，但我知道我的細胞是吃飽的狀態，只要身體細胞吃飽了，同時攝入低熱量、低GI的食物，才能使脂肪不斷分解燃燒。而且我不是一個人，還有很多其他一同減脂的學員、引導我的教練，也許一個人可以慢慢前進，但有團隊的力量才能讓你跑得更快。

當初，我是看到朋友的太太，在兩個月內體重就掉了快十公斤，剛生完小孩的肚子都消了，讓我也不禁好奇起來，然後我就開始使用跟她一樣的減脂方式，奇妙的是我也很快速就瘦下來了，從原本的五十八點九公斤，瘦到了四十九點二公斤，在短短三十五天內，就瘦了快十公斤。

其實我原本設定要在一個月內達成目標，但我的身體並不適合一開始就進行快速的減脂，因為我有慢性發炎的體質，為了顧及身體健康，所以做了一些小小的調整，但在三十五天內，我還是達到了我的目標。

我的觀念是只要立定目標，就會往跟它一致的方向前進，即使中間可能會有些不如意，譬如遇到停滯期，但我也沒有放棄，就是非做到不可。我認為不論是減脂還是人生，都必須拿出嚴謹的態度。

認識自己，分段達成目標

人在這個世界上，有一輩子的時間來認識自己，越認識自己的人越有力量，可惜的是，很多人不知道察覺自己的重要，他們不願意看清自己，眼睛卻只用來看別人、指責別人。

我是個靈性成長課程的引路者，同時也在某些機構當志工，我明白愛是需要傳承和貢獻的，所以在我瘦下來之後，我選擇來當減脂教練，讓更多的人可以變健康、變美麗、變快樂、變得有自信。

我看得出來，一個人怎樣面對減脂這件事，同樣也反應出他做事的態度。通常我們會有一個減脂群組，裡頭會有好幾十個人，而在這裡，就是一個小型的社會，來自四面八方的每一個人，做同一件事情的態度都不一樣。

如果你很認真、很嚴謹的在執行教練指導的所有方法，那麼一定會有效果出來；相反的，如果你懶散、怠惰，只是一時衝動想要減脂，完全不配合教練要你做的事情，那你可能只是在浪費金錢和時間罷了，不會有任何效果的。

條條大路通羅馬，達成目標的方式有很多，像減脂來說，一般人認為要減掉十公斤，可能會非常困難，那就不要想著一次減十公斤，可以把它想成，減掉十個一公斤。你可以將你的大目標切開，切成許多小目標，每達到一個小目標，就是一個小勝利，等到這些小勝利累積起來，就是一個龐大的成功。

曾經有個學員，我認識她的時候，身高不到一百六十公分的她，體重是七十九公斤，她的標準體重應該是五十公斤左右，如果要達到標準體重，她應該減二十九公斤。不過，她一開始說她只要減八公斤。於是我們共同努力，她也如願瘦了八公斤，這時候，我們再把目標往下修，再減少個八公斤，達到之後，如果身體還吃得消，就再繼續減到標準體重。

雖然我自己個性很急，但對於一個大的目標，急是沒有用的，要用對方法。你的目標，是可以分階段性的，在這些階段性小目標獲得成功與滿足後，對於大目標，也就更有信心了。

突破自己，成為他人的榜樣

成功減下來之後，我覺得我自己可以是個榜樣、典範，我可以告訴我身邊的人，要減脂的話，可以過來找我，因為我已經成功了。甩去多餘體重的我現在身體很輕，以前爬樓梯時，還會覺得喘，心臟也常不舒服，現在都不會了，我覺得我比以前更健康，而且睡眠品質也更好了。

因為某些課程的關係，所以有時候會有一些人聚在一起開會，大家就會喝個酒，聯絡感情，但長期下來，難免吃喝出一個胖肚子。落實減脂計畫之後，以前因為喝酒、吃宵夜所養成的肚子，也逐漸消失，現在穿起衣服，更顯身材了。之前胖到很多衣服都穿不下，而現在卻是瘦到沒辦法穿了。

我在減脂成功後，連續度過三個月的脫敏期和維持期，都沒有復胖，也

Shona
Before
Now
2017/09/25
2017/10/28
Weight 56.8 kg 49.2 kg
Fat 15.6 kg 10.9 kg
Body fat tate 27.5 % 22.1 %
Visceral fat 7.0 4.0

沒有復胖，雖然還是無法避免一些宵夜跟品酒課程，但因為體質已經調整成脂代謝功能正常，而且我也已經適應了低GI的飲食，隔天就算量體重，也不會反彈。

像我之前熬夜，沒有吃早餐的習慣，經歷了健康減脂之後，現在已經養成吃早餐的習慣了。就算只是喝個牛奶都好，三餐時間也都很固定，腸胃功能也更好了。有些人的減肥觀念錯誤，常常破功，像是斷食減肥並沒辦法真正達到減脂的目的，那只是脫水和消耗自身蛋白質，並不會減到脂肪。

有人採用蘋果減肥法，雖然蘋果是種很好的水果，但如果你只攝取蘋果的營養素，那其他營養素呢？當一個減脂教練並不容易，像是早上一早就要起來關注學員。尤其有些人是早鳥，就得爬起來關注他們的數據，無論如何，我覺得這是種貢獻，這麼多的減脂教練都在做這件事，當然我也不例外。

貢獻的價值跟意義就是在於可以點亮他人的生命，可以讓人覺得他是有價值的，同時也會變得更加有自信。

覺察自己，活出自己選的人生

我從小就經歷很多事，也遇到不少不公平的待遇，這些事情在當時讓我困擾了一陣子，但是我還是繼續往前進，因為我知道，我要有更好的自己，我想要過屬於我的生活，我常做不符合他人所期待的事情，但是我清楚知道那是我所想要的。

別人覺得我很辛苦，但我從不認為，因為路是我自己在走的。我活到現在，覺得人該為自己而活，不用他人來認同，這是我的人生，只有我自己能主導。我不知道什麼叫放棄，我只知道我想要做什麼，我就會去做，看到一些浪費生命的人，我會覺得他到底在做什麼？如果是我認識的人，我會去跟他聊天，問問他要甚麼？內心渴望的是什麼？如果他連自己渴望什麼都不知道，那麼，有方法讓他了解自己，他要不要去看看？

我的工作就是協助這些人察覺自己，讓他看到自己是怎麼阻礙自己成功的？有些人說不知道自己要什麼？那都不是真的。你可以問問一個三歲的小孩，他可能會跟你說他要糖果、他要冰淇淋、他要麥當勞。如果連一個三歲的小孩子都知道自己要什麼，一個成年人怎麼會不知道自己要什麼呢？

他是真的不知道、還是假裝不知道？是不想要、還是不敢要？或是根本沒自信去要呢？

有些困住你的事情，可能來自原生家庭；有些人就是好命，不論事業、家庭或是健康，都是人生勝利組，他們或許少了一些失敗的體驗，但也可以說這是他們所修的福報。我們也不用去羨慕別人。有個說法是，當你在天上當天使的時候，就已經選好了你的人生版本，在你投胎之後，進入了原生家庭，就已經選擇了你的人生藍圖，所以沒有什麼好後悔、埋怨的。

不論選擇了什麼，只要問問自己的生活開心嗎？只要過得快樂就行了。覺得有錢讓自己快樂，就去認真賺錢；覺得在家過日子很好，那就順從你的心。

如果覺得自己不論擺在哪個環境，都很不開心，不如反思自己，為什麼不開心？問題點到底出在哪裡？就算沒有答案，你也可以創造屬於自己的快樂。

我覺得一個人不需要跟別人一樣，別人已經有人做了，你只要做好自己就好了。每一個人都值得去看看自己生命發生什麼事？但要有一個好的開始，叫做「覺察」。覺察之後，才能突破原有的信念、框架，讓自己活的範疇越來越大，再優秀的人也有自己的框架，只是跟別人相比，他的框架可能比較大，裡面的內容比較多，所以他的選擇就比較多。

人不可能沒有框架，沒有信念的。每個人都有可能性，錯過自己的可能性，是非常可惜的，希望每個人都可以知道，他的生命都值得讓自己更好，我也因為可以讓他人過更好的生命，而感到開心、滿足。

5000 公斤的希望 Tips

- 有很多疾病，像高血壓、高血脂，高血糖，都是因為肥胖引起的。「肥胖」已經被世界衛生組織公認為一種疾病，是不健康的。肥胖的人不是因為營養過剩，而是營養不良，因為他的身體細胞沒有得到足夠的營養，所以細胞就迅速分裂不斷複製。
- 肥胖的人幾乎都吃高升醣、高熱量的食物，尤其是澱粉、碳水化合物攝取過量，正確的飲食，再加上其它輔助，才能有效消除困擾我們許久的脂肪。

．雖然我有時候會喝酒，但我平常的飲料都是白開水，有些人會覺得光喝水沒味道，可以加點檸檬。檸檬嚐起來雖然是酸的，但是屬於鹼性食物。

蔡鐵瑩 Shona 教練說：

「問問自己，你到底想要甚麼？當你望著目標，知道你總有一天會成功，那麼，現在的一點點不舒服，那為什麼不願意嘗試與改變呢？如果你想要健康、想要漂亮、想要成為男神或女神，那麼這些過程，就只是過程而已，結果才是最重要的。」

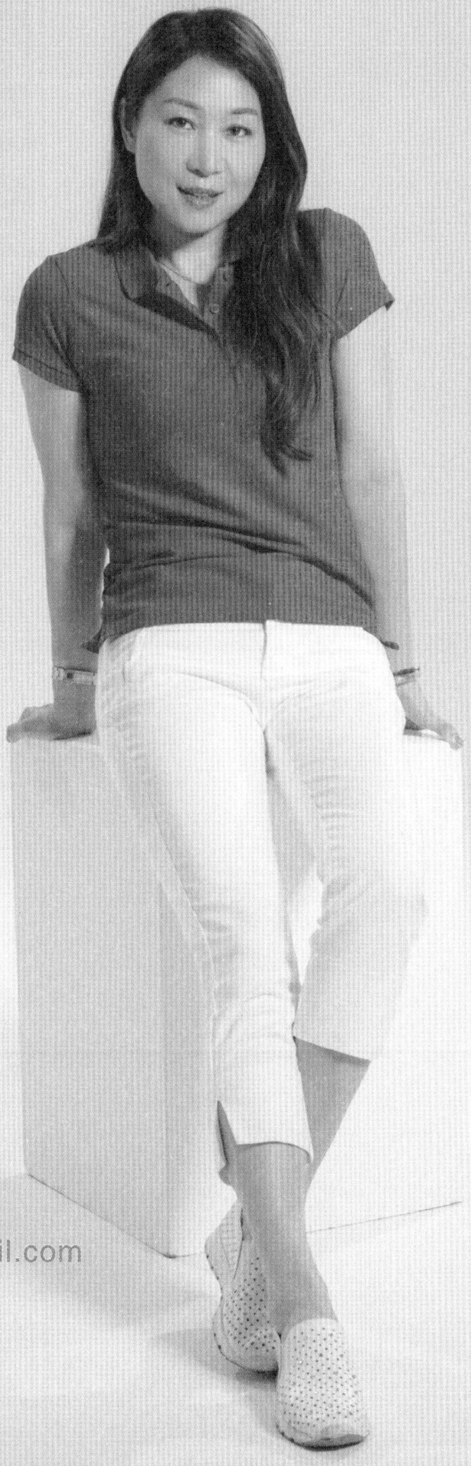

如何聯繫我

蔡鐵瑩 Shona 教練

FB：Shona Tsai

微信：Shona3333

Line: tsai3369830

Mail：shonatsai@gmail.com

第三堂課：過度節食對人體影響

過度節食對人體器官的影響如下：

肝：血清蛋白合成減少，循環中蛋白水平下降。

心：血液排出量和心肌收縮性能降低。

肺：呼吸軟弱與萎縮，肺活量和潮氣量均降低，黏膜纖毛的清理機能失常。

胃：消化功能下降，因為胃酸照樣分泌，而此時又沒有食物讓胃消化，胃酸就會開始對自身進行刺激，從而引發慢性胃炎、胃潰瘍等疾病。

腎：功能下降，造成周身乏力、精神不振、性慾減退，少數人還會出現雙下肢不同程度的浮腫。

大腦：因節食的原因也處於慢性營養不良的狀態，其神經細胞會相對地缺血、缺氧，因此，記憶力就會減退，思維能力也會下降。

所以，吃飽才有力氣減肥。

碳水化合物減肥的基本要點在於控制含糖分豐富的米飯、麥類麵包中糖分的攝取，這就是米飯不能隨便吃，饅頭、麵食不能隨便吃的原因。尤其在晚上，更應控制糖分的攝取，因為晚上身體的活動量以及腦的活動量較小，糖分的消耗會變得比較難；此外，碳水化合物與維生素B1、B2同時攝取，糖分將會高效率地被轉化為能量。

切記：低糖分減肥如果過於激烈會引起反效果。

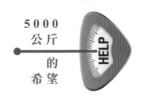

不只瘦下來，更學會人的潛能 無限可能

黎瑞玲 Rita 教練

在這個以瘦為美的審美世界中，很少人願意和「胖」這個字扯上關係，然而減肥最重要的目的應該是不讓肥胖危及健康，並非為了追求美麗而傷害身體。

樂觀開朗的我，一直以來都不會為了追求骨感身材而忌口，直到體脂肪過高，健康亮了紅燈，我才開始有了警覺。接觸了減脂計畫之後，我的生命開始更加多采多姿，不僅自己的生活型態改變，也漸漸影響周遭的朋友。

年輕時，我也維持著曼妙的身材，然而生產之後，體型就再也沒有回復過，女兒每每笑稱從沒見過「窈窕的媽咪」。身為職業婦女，穿梭在家庭與工作之間，精力漸漸沒有放在自己身上。在我工作的二十多年間，我的體重陸續增加了三十公斤，來到可怕的八十五大關，原因不外乎就是喜歡吃美食與甜食來慰勞自己，並且因為工作關係長時間缺乏運動，以及新陳代謝率下降等等。

試著想像一下，當你原本只有五十幾公斤，突然要掛上三十公斤的肉在身上，會不會變得行動遲緩、寸步難行？這個問題我可以直白的告訴你：「會！而且絕對比你所想像的還要困難十倍！」

每天都背負著沉重的肥肉，稍微走個幾步路就氣喘吁吁，要是得爬樓梯就更累人了，最直接會受到襲擊的部位，就是膝蓋跟腰部。每天去上班的時候，只要一移動就彷彿可以聽到膝蓋跟腰部在跟我抗議，晚上回到家好不容易能夠躺下來休息，卻還是無法放鬆，睡到一半甚至常會因為抽筋而痛醒。

除此之外，其他中年肥胖的問題我也幾乎都遇到了，像是大家常說的高血壓、高血脂、高血糖等三高，我一個也沒遺漏，尤其是糖尿病的問題，更讓我提心吊膽。有一次，我提起了勇氣去測量自己的體脂肪，結果儀器上所顯示的數據害我久久無法相信自己的眼睛，我的體脂竟然高達百分之五十三點五！意思就是說我這個人有超過一半是脂肪組成的，這實在是誇張到讓我不得不開始積極面對自己的肥胖問題。

從逃避到面對，給自己一個機會

關於肥胖問題，其實我多年來一直都選擇消極逃避，所以最後變得如此嚴重也算是咎由自取。不過，我真的不曾預料到自己竟然會因為健康問題，而必須加入減脂行列。

就在我萬般躊躇、莫衷一是的時候，一通改變我人生下半場的電話打進來了。當時打電話給我的是一位好友張蘭英小姐，在閒聊中得知我深受肥胖問題困擾之後，她便熱情地邀約我見面，打算跟我分享現在最新、最夯的減脂計畫。當時，我並不知道她就是老天爺派給我的貴人，只是一心想著死馬當活馬醫，抱著去聽聽看也無妨的心態赴約。還記得我們當時是在一家咖啡廳碰面的，蘭英的表現相當專業，流利地解說減脂計畫的原理及效果，聽著聽著我不禁有點動心，然而因為過往接觸過太多類似的業務推銷人員，所以我不自覺地在心底築起了防護牆，對蘭英的每一句話都用放大鏡加以檢視。

談了好一會兒之後，我始終還是半信半疑，直到她開始詢問我的日常作息及飲食習慣，我才真正相信她跟其他人不一樣，因為她沒有誇大的說詞，也沒有離譜的保證，反而是從最基本的原則逐步引導，耐心地要跟我一起找出肥胖的起因，以及最適切的應對方法。就這樣，我展開了屬於自己的減脂計畫，在蘭英的陪伴及指導下，我算是進行得相當順利，體重也確實穩定下降，讓我又燃起能夠健康生活的希望。

蘭英是個非常稱職的教練，每當我忘記主動回報時，她都會主動跟我聯繫，詢問我的需求、解決我的疑惑，讓我的心靈獲得了極大的支持，這也是我能夠繼續堅持下去的重要關鍵。這個經驗也讓我體會，面對肥胖帶來的恐懼，最好的方式是直視它，找出原因，才能真正跟它分手。

顛覆過往印象，真正找回健康竅窕

不過，雖說我的執行過程算平順，但難免還是會有小波折，印象最深刻的就是有次到中國海南島旅遊，由於天數較長，所以我特地詢問蘭英：「是不是該在出差時也遵行計畫？」然而出乎意料，她的回答卻是否定的，要我照著往常的方式應對即可。我百思不得其解，但還是聽話照做出發去工作了，結果因為交際應酬的關係，我在幾天之內連續吃了不少高澱粉、高油脂的食物，結過回到家之後趕緊站上磅秤，沒想到前面減掉的體重又回來了，等於是白忙了一場。

這樣的狀況讓我無法接受，就正常的觀念來說，本來就是該在出差時也保持高度警戒，但是蘭英卻要我做自己的就好，不用刻意照著減脂計劃走。有點微慍的我馬上找她興師問罪，然而她卻老神在在地問了我一句：「如果沒有經歷這件事，你是否會在減肥結束後，又讓自己胖了回來？」這個問題讓我為之語塞，細想之後更讓我大徹大悟。我了解到自己以前總是把減肥當成是工作上的案子，執行時全力以赴，結束後就華麗轉身，不會多做停留。

我以為只要體重能夠順利掉下來，往後就自然會維持在同一個範圍內，卻忽略養成健康的飲食習慣與運動習慣，才是維持健康體態的長久之計。現在回頭去看這一段歷程，我真的發自內心感謝蘭英對我的付出，尤其是她願意冒著被我誤會的風險，也要讓我建立正確觀念，這等見地令人感動。

在蘭英的幫助下，我的體重確實下降了，而我的改變，也影響了我的女兒。由於我的女兒是運動員，自然必須吃大量的食物以補充營養，但是在保持體力的同時，也要注重體脂率，而她的體脂率總是過高，因此營養師也建議她要開始減脂。正好她看到我的減脂計畫很成功，所以她就主動來詢問我，希望自己也能達到健康又減脂的目標。

礙於她運動員的身分，我也很猶豫究竟可不可以參加這個計畫？於是我趕緊詢問蘭英，她以專業的方式，讓我寬心不少。結果，我的女兒也成功達到減脂的目標。後來女兒告訴我，當營養師看到她短時間內就能完成減脂計畫，感到很驚訝，還央求醫師做一次健康檢查，確保身體機能正常無損。在醫師詳細的檢查之後，發現一切機能都很正常，報告指數也很漂亮，這讓我們母女更加有信心。

下一步，加入減脂教練的行列

我在金融行業服務超過二十五年了，理論上要申請退休也說得過去。我曾經非常認真地思考過這個問題，但原因並非是上了年紀，無法繼續服務客人，對我來說，在工作上所獲得的成就感，一直都是我重要的心靈糧食，所以我再怎麼樣也不會想要提早離席，一心只想著要服務到自己做不動為止。

真正讓我萌生退意，幾乎已經要選擇放下工作的關鍵，是我的女兒。由於遠赴國外學習的女兒，有時差的關係，導致平常通話時間與上班時間衝突，因此我毅然決然決定離開服務多年的單位。在辭去工作後，我開始把時間花在打理自己的生活和調整自己的習慣。以前開會的時間拿去買菜煮菜，跑客戶的時間則用來健走，原本每天定時吃的下午茶也停掉，並強制毫無睡意的自己在晚上十點便乖乖躺在床上。

這些生活習慣的改變讓我難以適應，但抽筋現象的減輕讓我堅持了下去。兩個月後，抽筋現象終於消失了，一想到自己可以不用再苦於失眠，心中的負擔一下子便去了大半。隨著體重的減輕，一天能走的距離不只從幾百公尺增長到幾千公尺，連行走的速度都比以前快了許多。當身上的脂肪一圈圈減少，我的膚色也從以前的泛黃變得潤白，當然最重要的是，膝蓋與腰部感到痠痛的狀況越來越少了。

短短的三個月，我從原本重達八十五公斤的肥婆，變成六十五公斤的時尚熟女，這麼快的速度剷掉二十公斤的肉，令人大感不可思議，但更教人難以置信的是，我從頭到尾都覺得很輕鬆、很健康，沒有因為體重急速下降而有什麼不良的反應。

當我在體重降到六十五之後，我開始主動約朋友碰面，朋友們眼中驚訝與佩服的神情，讓我所有的努力付出有了最甜美的回報。以前因為身形太過臃腫，所以有許多動作我做不來，甚至有許多工作需要找旁人來協助，但如今我舉手投足都變得輕盈許多，自信的笑容更是經常掛在我的臉上。

這樣的改變讓身旁的親朋好友紛紛來詢問減重方法，就連只有數面之緣的朋友也都希望我能做經驗分享。由於前來詢問的朋友太多，因此為了能更專業的協助他人，我也加入了減脂計畫的教練行列，學著自己引導學員邁向嶄新人生，讓更多人能從肥胖中解放出來。我發現很多人除了節食，也用過各種方法減重：運動、氣血循環機，甚至嘗試各種減肥藥、中藥，然而各種五花八門的減肥法只是短暫地讓數字好看一些，沒多久又復胖，反而更容易摧毀自信心，而自卑感也一直纏繞心頭。

我非常喜歡闡述自己過往的經驗，尤其是遇到跟我狀況相似的人，我更會鉅細靡遺地分享自己的成功方法。比方說許多跟我以前一樣過度肥胖的朋友，基本上都不適合用運動的方式來減重，所以我會建議他們養成一天走一萬步的習慣，因為高頻率的和緩運動不僅不容易傷身，效果還更為顯著。就像滴水終能穿石一樣，只要用了對的方法並持之以恆，任何人都能像我一樣瘦身成功。

5000公斤的希望Tips

・不少人誤認為運動流汗是最好的減重方法，但說起來真正影響體重的因素，主要還是飲食及代謝率，運動只是增加代謝率的其中一種方式；適度的運動可以有效增加循環和代謝，但靠運動減肥的成效有限，甚至過度運動還會帶來不少反效果。

・基本上現代人最大的問題是攝取了超出身體負荷的食物，所以才會導致肥胖。既然問題出在吃的部分，那解決方式也是從吃下手最為快。生活作息的改變則是為了調整身體的代謝。當人生活作息不規律時，代謝速度就容易變慢，造成廢棄物堆積體內。當作息正常後，只要控制飲食，就算不常運動也不容易發胖。

・我最喜歡分享的一個小小的妙招，就是養成泡澡的習慣。就像前面所提到的，肥胖的人通常身體代謝率較差，很難將囤積在體內的廢棄物排掉。但即使是肥胖的人，也可以透過泡澡來改善身體的循環，加速廢棄物的排除。

黎瑞玲 Rita 教練說：

「一說起減重的話題，我就有說不完的話，真的很慶幸自己現在能擁有分享健康、引導更多人踏上正確減重之路的使命。想想過往那個捨不得離開銀行工作崗位的自己，真的是自己畫地自限了，現在的我不僅能翱翔在更寬廣的天空，而且未來還存在著無限的可能性，等著體態輕盈的我一一去挖掘探索！」

如何聯繫我

黎瑞玲 Rita 教練

手機：0927-092-818

Mail：rita551030@yahoo.com.tw

第四堂課：ATP與公式

$$\text{脂肪} + O_2 \xrightarrow[\text{輔酶}]{\text{脂肪分解酶}} CO_2 + H_2O + ATP$$

▲ **脂肪公式**

在身體內有一個機制通過多種化學反應把脂肪轉化成細胞能夠吃的能量，叫做ATP（三磷酸腺苷）。

·脂肪公式

通過三羧酸循環，再進行一系列的化學反應，脂肪最後變成二氧化碳＋水＋ATP，肥肉就不見了，二氧化碳透過肺排出，水通過腎臟排出，ATP供給細胞利用，這就是脂肪的有氧氧化。

脂肪的有氧氧化

．脂肪分解需要三十八種酶和輔酶

脂肪的代謝從大的方面來講是三十八個化學反應。在生物體內的催化劑叫作酶，每個化學反應都須要有相應的酶，身體內部的化學反應才能進行，而且在人體內進行化學反應不僅要有酶，還要有輔酶，只有輔酶才能使酶產生活性，所以必須要有酶和輔酶。

欣然面對一個更好的自己

吳汰紝
Wuna
教練

身為一個記錄片導演，在遇到問題的時候，就會追根究柢，去調查所看到、所面對的問題，去深究、探索，再將它呈現給世人。面對其它事的時候，我也會用這個好奇心去挖掘，等到自己了解再去分享給其他人。我覺得自己滿幸運有這樣的觀念引導，當我的人生有困難，都會想去突破、解決，我相信再大的困難，或是看起來不可能的事情，都有方法可以解決。

過多的脂肪在身上，雖然一時可能不會損及生命，但它長年在身上，就成了困擾。在我多餘的脂肪還在身上的時候，很多人看到我，都以為我又懷孕了，在坐公車、捷運上，都會被讓座。社會充滿愛心是好事，但對一個肚子裝滿脂肪的人來說，卻是無比的尷尬與困窘。

我的朋友會因為我的肚子隆起而恭喜我，也有朋友私下問我先生，我是不是又懷第四胎了？那些事情不會對我造成什麼傷害，卻還是讓人困擾。連我自己的父親都戲謔的調侃，包括我的丈夫，有時候也會虧我的身材幾句。這樣的情況不是一次、兩次，除了人際關係有點困擾，我覺得自己越來越懶散、行動力也比較差，也覺得比較容易疲累。

嫌惡與自卑，讓我害怕看鏡子

甚至當我站在鏡子前面的時候，我會覺得，鏡子裡面的人到底是誰啊？那個人是我嗎？我怎麼會變成這樣？於是，我很少看自己，我不太愛照鏡子，也不想拍照，在智慧型手機遍及，人人可當攝影師的情況下，我很少自拍，因為我不想面對我自己。

我可以拍風景、拍人物，拍自己的小孩，就是不想拍自己。如果逼不得已拍照的話，我也要假裝自己其實沒有那麼胖。我不想面對自己，不想看到自己身材，那會讓我疑惑以前那個長腿美女到哪裡去了？我一直認為我自己的腿還蠻瘦的，但是我想穿褲子的時候，發現自己的褲子竟然穿不下？

於是我不想再打扮，不想面對自己，反正不看自己，也就不知道現在這個黃臉婆到底邋遢到什麼模樣？反正大部分結過婚的女人都跟我一樣，有的甚至比我邋遢，還不是活得好好的？那我還計較什麼？

於是我懶散、我頹廢，繼續與肥肉為伍，而自我安慰的最大力量來源，

・減脂前

就是我的小孩。一句「媽媽，你好漂亮」比什麼都還要來得療癒，那我又有什麼理由振作呢？

當然我也曾經想要減肥過，只是不是靠自己，而是靠外力，我利用過冷凍減脂，也試過熱溶法，我用其它外力的方法，想要讓自己改變，但不但花費昂貴、時間又長，效果又不彰，我幾乎要以為身上的肥肉，就要跟著我一輩子了。我又是個樂觀的人，我相信這個世界不會因為我的肥胖而壓垮，我還有愛我的家人，我一直告訴我自己：減肥這回事，並不是我的重心。

一份好奇心，重燃我對瘦身的希望

直到我遇到了張為堯老師，知道他在五十天內瘦了將近十七公斤，我大為訝異。在我的理解當中，一般減肥都要耗上三個月、半年，怎麼可能有人會在短短時間內就瘦了這麼多，這太違背常理了！

然而為堯老師的氣色看起來也滿好的，健康似乎也不受影響，如果這方式不正常的話，為什麼他能夠神采奕奕？如果它真的有效，那原理到底是什麼呢？我平時雖然懶散，但只要一件事引起我的興趣，誘發出我的好奇心，我就像是打開探照燈，一直往真相前進。

除了自己體驗，我更想去研究這個技術的核心概念是什麼？我很喜歡「研究」本身這回事。在研究之後，我發現這個減脂方法它帶給我嶄新的觀念，讓我知道為什麼可以瘦下來？又怎麼樣瘦下來？也了解為什麼我之前的方法沒有辦法達到我要的效果？在我成功瘦下來後，自然而然，周遭的人就開始問我是怎麼瘦下來的？而當我邀起其他人一起參與計畫，立刻發現有些人甚至比我瘦得還要快，我就對減脂更有興趣了，除了自己研究之外，也越來越喜歡跟更多的人分享「科技減脂」這個觀念。

剛開始減脂的時候，其實我還不相信這回事，我不是不相信方式，而是不相信自己，我覺得我過沒多久就會放棄，也沒有太多的期待，但是我還是跟教練配合，希望有個力量可以推我一把。

沒想到，隔天我就被自己的數據嚇了一跳！我開始減脂的隔天就瘦了一公斤，那我心想，如果要減六公斤的話，只要六天就好了啊！這只是個想法，而這想法鼓舞了我，我的內心充滿了希望，我每天都很期待踏上磅秤，希望每次都有不一樣的數據，而且這個數據是下降的。

因為期待，我不知不覺堅持下去。我很開心的是，其實我不是個很有毅力的人，但我開始好奇明天的變化，就有了期待。雖然我那時候意志不堅，偶爾還是會偷吃東西，但大部分時間，還是照著教練的話做，我甚至想知道，如果我照著教練的話做，跟沒有照著教練的話做，會是什麼樣不同的結果？

從學員到教練，一條將心比心的路

現在我成為教練後，就開始有使命感，看到有人健康、快樂的瘦下來，也變得漂亮而有自信，我感到很開心。它不只是重量的變化，減脂同樣也是一個生活的提升。我減脂的時候，有教練推了我一把；當我成為教練之後，也成為其他人成功的推手。

我們在做的，是一個正確的、有效的幫助人減脂的推力，而不是雖然推著你前進，也讓你受內傷。這股推力是安全的、健康的。

但是，一個人要進步，不能一直要人家推，自己也要前進，教練的協助充其量只是輔助的角色，最主要還是要靠自己。我覺得減脂的核心，是一個人要去對自己的身體健康負責，而不是依賴其他人。

以我個人而言，我不太喜歡運動，寧願在「吃」上面做個調整，我現在知道我該怎麼享受美食，又不至於讓脂肪囤積太多。但如果過度、毫無節制的暴飲暴食，長期下來，還是會回到原本的狀態，因為內在並沒有去調整。

減脂這回事，看起來似乎很膚淺，目地是為了追求表相，但是它所帶來的意義不只如此，如果減脂的時候，根本的內在沒有改變，至少知識上要有進步，生活態度也要有調整，我覺的這才是核心的根本之道。

我過去的經驗讓我明白，我相信這世界上的問題，都有所解答，只是看你有沒有認真去找，而且找的方法正不正確？大部份的人接觸了幾種錯誤的方法，就想要放棄，我雖然覺得自己懶散又沒有毅力，但如果那件事情是必須解決的，還是會起身，去尋找方法，突破困境。

減脂不膚淺，人人都有權利成就更好的自己

以前我不喜歡照鏡子，在瘦下來之後，感到非常開心，甚至有一天晚上，我就一直換衣服、照鏡子，以前喜歡穿寬鬆的衣服，現在就算合身也沒

有問題。走在路上，也有人開始稱讚我，這在以前，根本不敢設想。從一個一直「假懷孕」的人，到現在被稱讚腰細，怎不讓人開心？

透過減脂，我重新認識了自己的身體，在年輕的時候，我只要克制一下飲食就會瘦下來，但是年紀不一樣了，就算我可以像以前一樣控制飲食，但是身體狀況已經完全不一樣了，就算少吃也沒辦法。當年紀變大，新陳代謝也下降，有時候不是我們不夠努力，而是身體狀況跟以前就是不一樣。

在減脂的過程中，我覺得美食是所有人的挑戰，包括我自己都會受到誘惑，不過，換個方式想，假如你生了病，醫生跟你說要吃什麼、不能吃什麼，那你為了想把那個病治好，就會遵照醫生指示。減脂也是同樣的道理，雖然它在你身上消失的是重量，但它存在的時候，可能會產生疾病。

說真的，「減脂」並不是只存在表層的膚淺層次，它更是一個讓人誠實、自信跟美麗的一個方法。透過思考，其實你可以重新認識你自己。只是，任何一種進步的方法，或許都有機會幫助一個想瘦的人，但是任何方法、產品或是技術，都不能視為萬靈丹，你必須意識到自己對健康及身材的責任感，教練的方式也只是輔助。

任何「有效」的方法，都不能成為一個人對自己的生活、身材不負責任

的藉口。我自己是過來人，我想這個過程中，每個人都有管不住口腹之慾的經驗，這的確是個考驗，但是，何不把這個狀況，跟教練坦誠呢？教練界有句名言：「減肥看人品！」

因此，我也提醒想要減脂的朋友，必須要強化你的「自制力」；它不用八年抗戰，大概花個你一個月的時間，就會有變化。如果一個人連一個月的時間都不肯留給自己，讓自己有改變的話，又要怎麼面對自己呢？

請相信，減脂的路上，不是一直線，一定有所起伏。你所需要的其實是找一個適合自己的教練，坦誠所有的狀況，在遇到問題的時候，讓教練引導你、協助你，充滿信心的持續往目標前進。

5000公斤的希望 Tips

- 許多的減肥方法還滿傷身的，我發現許多人在「健康的瘦下來」這部分的知識還是不夠的，所以傷害還滿普及的。正確的減脂，是要被學習，並讓大家知道的。
- 我自己還滿喜歡身心靈的研究，對這部分也有研究，我發現脂肪跟精神上的提升，也是有關連的。有研究指出，一個人負面的能量，或是不好的記憶，或是感受，是儲存在脂肪的細胞裡。當然精神性的提升有很多層次，但是就脂肪的角度而言，一個人的脂肪越多，越難振作，低靡，多少跟這個有關，因為身體會對一個人的精神有很大，而且直接的影響。
- 成功瘦下來的一大要點，就是相信教練、聽話照做。減脂其實很單純、不複雜，它對焦在把「脂肪減掉」的功能，身為學員、乖乖配合就好；建議不要自作主張的改變計畫。

吳汰紝 Wuna 教練說：

「雖然我們在說的是減脂，但它所能提的不只是健康，它對一個人的精神、靈性上的提升，都是很大的影響。前題是它必須是個健康的瘦身，而不是傷害身體的方式。台灣處處是美食，過度肥胖的人也很，多如果肥胖這個問題沒有被正視的話，對社會也是個負擔；跟隨肥胖所帶來的疾病問題，會影響人民的健康，進而影響家庭，還會影響到國家的生產力，點線面不斷擴散，所以市面上才會有那麼多減肥產品因應而生。因此，我覺得減肥不僅是自己的問題，還是個社會的問題，把自己健康的瘦下來，其實也是一種社會回饋！」

如何聯繫我
吳汰紝 Wuna 教練
微信：Wuna_wu
Mail：wunawu@gmail.com
Facebook：Wuna Wu

第五堂課：吃與胖

多吃就會胖嗎？答案是不一定，因為決定肥胖的因素，包括至少有以下四種差異：

- 先天體質不同
- 腸胃消化能力不同
- 飲食結構不同
- 生活習慣不同

所以，不要羨慕別人，不要跟別人比較。認識自己的身體，了解自己、愛自己，學會自己的身體溝通，明白自己身體的特質，每個人都可以瘦得勻稱又健康。

從自卑到自信的燦爛之路

林宜慧 Ruffy 教練

大學時我主修「食品營養系」，原定方向是成為一名營養師，但人生總是如此，計畫趕不上變化，就先結婚生小孩了。大學畢業後，在娘家幫忙顧店兼帶孩子。我的婚姻並沒有維持很久，孩子兩歲半時，我就成為了單親媽媽。

養育、教育孩子成為我人生中最重要的事。八年前，經過一番考慮，選擇了能賺錢，又能同時帶孩子的新型產業「美睫」來發展。一路走來，從地下室開始，到開分店，接著跟廠商一起配合，成為一名國際講師，到世界各地教學展演。（中國大陸、香港、澳門、義大利、波蘭、瑞典、馬來西亞、日本）學生遍及歐美、亞洲各國，長期下來，生活作息沒有一天正常，更沒有陪伴孩子的時間。

重重壓力之下，飲食漸漸開始不正常，暴飲暴食，要不就是沒有時間好好吃頓飯，每一天，頓時除了工作賺錢，完全失去原本想要的正常生活，更別提飲食問題。這樣的生活維持了四年多，該吃飯沒吃，不該進食的時候，卻狂吃⋯⋯。晚上睡眠品質更差，每天凌晨五點睡，早上十點起床繼續工作，當然也就難逃變胖的命運了。

為了讓自己不要再胖下去，我選擇了一天只吃兩餐，一餐早餐，一餐卻拖到變成了宵夜。天哪！更糟糕的是，身高僅一百五十二公分嬌小的我，就這樣一路從五十四公斤，再次向上攀升。

跟公司出差去世界各地教學展演，接待人員會招待當地美食，我好奇，也忍不住口腹之慾，常常一吃就會過量。體重機上的數字，一路從過去的四十八公斤飆、飆、飆……飆到五十八，眼看就要接近六十大關，我才驚覺大事不妙！

過去對於體重一直很消極的我，心裡還想著，胖到五字頭還能接受，但現在眼看著就要衝到六十公斤，這樣子的自己變得根本不能看！所以，變胖以後我都不敢照鏡子，只知道自己變胖了。

錯誤且意志不堅的減肥，讓我越減越肥

雖然想要減肥，可是我是一個不聽話的孩子。即使知道正在減肥瘦身，但在減重的過程中，還是忍不住嘴饞，老想要偷吃美食。曾經嘗試用以前學校的那套飲食控制法，去調整自己的飲食，譬如像搭配少量多餐的方式。理

論歸理論，若是沒有徹底落實，一切也只是空談。最後全然無效。

這種情況下，要瘦真的很難，因為營養餐設計出來的食物，往往是清淡無味，這樣的惡性循環，後來慢慢變成看到就煩，乾脆賭氣不吃。反而造成後來的暴飲暴食。

記得有人曾說過：「其實每個胖子的內在，都有一個漂亮的女生。」胖女生都很有潛力變美，但因為胖，乾脆放棄讓自己成為漂亮女生的機會。對胖子而言，減個三、五公斤還算簡單，但要再往上減十公斤、二十公斤，甚至是三十公斤以上，好像就有聲音會在耳邊說：「算了，就大口吃吧！」我身邊的朋友，幾乎都屬於這種心態的胖子。

其實，當你是一個胖子的時候，身旁的每一個人都會忽略你。這種被無視的感覺，也是我自己的親身體驗。過去男性朋友常會以開玩笑的口吻，戲謔的喊我大媽，明明年紀都還比我年長，卻故意這樣叫我，或者看著我，動不動就說要我快去減肥，其實是抱著看好戲的心態，認為我根本不可能成功瘦下來。

外貌困擾，甚至影響在專業領域的自信

被人輕視的感覺，真的很糟糕。

即便我是教授美睫技術的專業指導講師，即便我是講台上的主講人，但每次只要與其他的助理教師站在一起，眾人的目光焦點，卻永遠不在我身上，甚至還誤以為助教才是這堂課的講師。我的存在反而變成了配角！這副龐大臃腫的胖體態，造成我內心莫大的自卑感，以至於每每站在人前，我卻將自己越縮越小，最後大家似乎真的看不見我了。

因為太自卑，課程一教完，我就會躲到後頭去，無心與大家一同合影留念，就怕恐龍妹記憶又再添一筆。

大概就是因為別人都否定我，讓我也否定自己。面對肥胖的自己，我幾乎已是全然放棄了。然而看到別人瘦，自己也會想瘦，加上平常去海外教授美睫課程時，每次到了要和學生拍合照，總覺得我像是一位大嬸混在人群中，個子又矮，整個人的比例，簡單就是「矮又肥」！照片中的自己都好醜好難看，只能靠修圖軟體「搶救」。

永遠都只自拍半身，不想要讓其他人看穿自己的矮胖身材，手機裡肥胖的照片，找不到一張看得順眼，因為連勉強能看的半身照，那圓臉上的雙下巴，就算想修圖也修不掉，最後變得越來越不愛拍照……。有天，收到朋友幫我拍的照片，我甚至驚嚇到想問：這是誰？

就在我胖到幾乎不認識自己的同時，我看到和我一同參與過國際培訓班課程的好朋友——為堯老師竟然瘦了下來！你無法想像我感受到的震撼，因為，我們是一路看著彼此走過來的，見過對方最胖的樣子，當兩個胖子聚在一起，並不會覺得彼此有什麼不對勁。那陣子，看見他在臉書上秀出健康、緊實的模樣，我驚訝地問：「你發生什麼事情了？為什麼突然瘦下來？」聽了好友分享的瘦身減脂的歷程，終於激發了我也想要瘦看看的慾望。

「胖胖圈」和「瘦瘦圈」之間的距離差

現在瘦下來，跟兒子一塊兒出去，從外貌上看，我變得像是他姊姊，不再是從前那個大嬸型的媽媽。變瘦後還有一個明顯的改變，就是我的朋友圈也不同了。曾是個胖子的我，身邊朋友大部分也是「胖胖圈」成員，一個胖子狂吃，心理上會產生罪惡感，但一群胖子一起狂吃，就什麼罪惡感都消失了。

等我真正瘦身成功之後，不再像從前一樣，跟胖胖圈朋友相約自暴自棄，慢慢的，跟以前共同變胖的頹廢生活不再有交集，我也就慢慢離開那個胖胖圈。然而，當我順利瘦下來，不再像過去一樣肥胖臃腫，那群胖胖圈的朋友看我的眼光，卻仍一臉質疑。因為他們也嘗試過各種減肥法，或許曾經瘦下來過，但沒多久又復胖，一樣經歷變瘦變胖的反覆過程，久了自然失去自信心。

從他們過往的經驗來看現在的我，會擔心這個短時間內變瘦的樣子，只是減肥的過程而已，之後還是可能會重現「溜溜球反彈效應」的減肥惡夢。我知道他們為什麼會對現在變瘦的我心存疑慮，因為他們所認識的我，一直就不是個聽話的人。說實話，我最開始的時候真的很不聽話，散慢又不認真的減，花了四個月的時間，大概瘦了四公斤。

那時心裡就想著，也差不多了啦，能瘦個四公斤已經心滿意足，這樣就夠了。可是到後來，我看見一些學生也瘦了下來，甚至變得更瘦，整個人的體態也更棒，看見學生的驚人轉變，激起我也想再往下瘦的企圖心，這才狠下心，在四個禮拜之內，又努力瘦了將近六公斤。

以前，我不愛拍照、不愛買新衣服。反觀現在，當我瘦下來，別人要跟我拍照，內心那個自卑就會無限縮小的自己已經消失不見了，自然也就能坦然接受，甚至享受拍照這件事情。

成為瘦瘦圈的一份子之後，身體變得輕盈，精神也變得更好，不會再經常疲倦嗜睡，這種宛如新生的感受，真的很好。過去因為胖，在從事美睫工作的時候，偶爾專注力會不容易集中，但美睫產業是一個需要高度專注和強調眼力的工作啊，腦子不清楚的話，技術層面就會發生問題，只要稍微恍神打個盹兒，就可能出錯，萬一讓客戶受傷就更糟糕了。

直到體重慢慢往下降，即便睡眠的時間並不長，但我的精神和專注力，並未因此受到影響，做事情可以非常專心專注。不知道是不是某種自我催眠作用，自從變瘦之後，身邊稱讚我變美的人越來越多，心情一好，精神也就自然變得更好。心境上的調適，再加上開始感受到周圍朋友的稱讚、認可，變瘦之後的我，穿上任何衣服都異常的好看，整個人的能量真的跟以往截然不同。

看得懂事實，其他的都是故事

我和我的親戚、或者原生家庭之間的關係都不太親密，大概因為從小就胖，每次在路上碰到親戚，總會對我的胖妹體型指指點點，讓自卑的我，只想躲得遠遠的。而我的媽媽，自從年輕時生完弟弟以後，就一直處於發福狀態，雖然經常都在減肥，但卻一路都是肥肥胖胖沒瘦過。

我跟家人真的不大會相處，媽媽每次煮了東西，我總是推說工作沒時間，媽媽看我連吃都不吃，肯定也很傷心，覺得我這個當女兒的怎麼這麼難伺候。這部分其實我也很困擾，我不單只是不會跟家人相處，基本上是跟人不太會相處。小時候的自卑因素，讓我變成這個樣子，老覺得是自己不夠好，潛意識中就先否定自己，不喜歡自己。

我甚至會把所有的陰影創傷，都歸罪於是因為胖。每次轉頭看見自己身邊的同學，每個都是瘦瘦高高、漂漂亮亮的，相形之下，再看看我自己肥胖矮短的模樣，就更是自慚形穢。我的人生，經常處於一種說不出什麼是我要的，什麼又是我不要的情況，一直找不到真正的答案。

所以我很渴望學習，什麼學習機會都想去嘗試，就算是挑戰自己潛能的課程也不想錯過。其中心靈成長的課程，真的讓我收穫良多，發現人有兩件事情要去認清：「要能看得懂事實，也要明白什麼是故事。」

過去害怕被拒絕，所以總是習慣去迎合。當我看清了事實，終於願意接受不完美的自己，即使在這些不完美的部分裡，也可以找到較接近完美的平衡點。看清以後，我也更懂得去展讀別人的故事。也因為我從減脂瘦身教練這個領域獲得了一些實質的收益，讓我有了想法，想將部分收入拿去回饋給我想幫助的人，所以才開始主動去接洽一些公益講座。

在一次去香港教課的經歷，讓我對於自己教授美睫這項工作使命，有了全然不同的新體驗。那天剛好有一位聽障者學生想來學美睫技術，因為她聽不到，所以在教的過程中，我盡量想辦法讓她可以理解，用動作、用文字書寫來加強溝通。第二天，有專業的手語翻譯一起協助，讓她更容易吸收我所教授的內容。

在這個「教」與「學」的互動裡，我察覺到，因為教了一個聽障學生，讓她學會了可以改善生活的一技之長，我的內心是何等的興奮、喜悅，並且充滿了感動，感謝她的故事豐富了我。每一個當下，都能擁抱感動，每一個瞬間，生命都正在改變。嗨，朋友，你不會是孤單的，只要你肯相信自己做的到，願意給自己機會改變，讓我們一起往前邁步，迎向健康、自信又幸福的道路吧。

5000公斤的希望 Tips

・一群人可以讓你走得更遠！過去的那個我，肯定不敢相信，現在每天早起，在眼前迎接我的，都是人生最快樂的一天。在鼓勵、陪伴與支持的環境中，協助大家瘦得健康，真是最大的福氣。

・真心建議還在胖胖圈載浮載沉的朋友們，不需要去整型抽脂，只要選擇對的方法，像我一樣瘦下來，胖子健康變瘦了以後，效果其實跟整型一樣，不，應該會比人工整型還更棒更美，因為不只體態變輕盈，身體也找回健康。

‧被無視的目光，是自卑也是動力；期待你能跟我一樣，化悲憤為力量，努力改變自己的現況。

林宜慧 Ruffy 教練說：

「我愛繡球花，代表真心誠意的感恩之心。我愛太陽花，它的正能量和活力朝氣，會讓我更想成為一個向著陽光、對任何事情都能充滿自信的人。這一路上，我收穫了很多人的真心，此時此刻，也想把獲得的這些能量，像我喜愛的太陽花一樣，傳播給其他需要陽光和自信的朋友。」

如何聯繫我

林宜慧 Ruffy 教練

Line：aimely

微信：Aimely-Eyelash

Mail：yufit2018ruffy@gmail.com

FB：林宜慧 Lin Yi Hui

第六堂課：能量守恆

能量守恆與肥胖的關係

當身體的攝入量大於消耗量時，顯然每日囤積的脂肪為正值，除了以肝、肌糖原的形式儲藏外，幾乎完全轉化為脂肪，儲藏於全身脂庫中。

能量消耗除了運動、勞動、鍛鍊、工作這些看得見的形式外，還有基礎代謝部分。基礎代謝是指每個人用以維持心跳、循環、呼吸和體溫等生命活動所消耗的能量。那些所謂吃不胖的人通常是基礎代謝率比較高的人，能量消耗比較大。一個人基礎代謝率的高低一般是天生的（有時候也有可能因患病而改變），也就是說，有些人天生就是「耗油」型的，而有些人就是省油型的。跑同樣的路，前者消耗比後者大，所以不容易能量過剩（發胖）。

基於牛頓能量守恆定律，基礎代謝高、能量消耗大、耗油。因此吃不胖都是相對的，只要吃得足夠多，人人都是會胖起來的。

肥胖與否的關鍵在於我們攝入的能量總量和透過運動消耗的能量總量是否平衡所決定的，而不是汽水或任何某種單一食物導致了我們的超重。

現在我們要減肥，就須讓每日囤積的脂肪為負值，減少每日攝取的熱量，同時增大每日消耗的熱量。

即：

每日攝入熱量＜每日消耗熱量

02 逆轉命運 不分彼此

愛美是天性，應以美麗為己任

李琬茹 Simona 教練

身為一個女人，就算再瘦，她的心裡還是會覺得自己有點兒胖，可能只是一點小肥肉，或是一點小變化，單位都是用「公克」在計較的，女人在美麗這方面，對自己的要求，是很高的。不可否認，女人是愛美的；當然，美麗沒有一定的標準，但每個女人都希望自己的狀態能夠再好一點、標準再嚴一點，也許是體重、也許是皮膚，也許是精氣神……女人追求的，不只是獲得別人的肯定，而是希望有一個更好的自己。

我與肥胖的長期抗戰

追求美麗這一回事，我可是從很早的時候就開始了。有時候姊妹聚在一起，也會聊減肥的話題。小時候，媽媽在減肥的時候，就會煮一些跟減肥有關的飲食，我們就會跟著吃。其實媽媽不贊成我們減肥，但我們也只是抱持著嚐試的精神，而且媽媽也會把關，不讓我們的健康受到影響。

我的家人，尤其是我的手足，胖的幾乎都是下半身，因此，我們看到媽媽在減肥，就跟她一起減。甚至可以說我從國小五、六年級開始，就已經有這方面的經驗了。不過，我媽媽對減肥態度是很認真的，不是自己想吃什麼，就煮什麼，她是按著醫生開的食譜進行烹調、注重營養，因此讓我們都可以參與。

女孩子家畢竟是愛美的，因為國小的時候，我們就跟著媽媽實行減肥生活，到了國中以後，就會習慣性的吃少一點。等到念專科在外面求學，沒有了媽媽的照顧，更要自己照顧自己的身體。

在外的飲食，我也是十分簡單，有時候就是吃少一點。不過，就算我們長期走在減肥這條路上，下半身比上半身胖，還是不爭的事實。可能是家族遺傳吧！我們家都是胖下半身，就算穿衣服的時候，可以想辦法遮掩一下，但下半身比例還是比上半身較為臃腫，始終是我的困擾。

為了減肥，我嘗試過很多事情。認識我的朋友都知道我的「喜好」，因此，如果有接觸到什麼新的減肥藥、減肥茶，都會很熱心的跟我分享，而我也會抱持人體實驗的精神接觸這些產品，不管是塗的、抹的、擦的、吃的，全都願意嘗試，我的減肥資歷可以說還滿長的。

有一次，有個朋友希望我可以去幫她聽一場跟減肥有關的分享會，因為我有十八年的美容從業經驗，又對各種減肥手法瞭若指掌。她覺得這方面我可能比較內行，就找我過去聽，想知道那是真的、還是假的？這是我初次與為堯老師的團隊接觸。那一場說明會讓我很興奮，因為我知道這就是我一直在尋找的方法。

我感到開心的，不只是因為它完全科學的原理，更因為我本身是從事美容產業，知道這方面的市場非常龐大。我那時在想，如果這個方法，有像它所說的原理，有效的發揮作用的話，那麼，造福的不只是女孩子，還有男孩子。

成功減脂，開創美麗人生

這麼多年來，我一直在南部從事專業美容工作，知道每個人對美都有份執著，從另外一方面來說，美麗，也是讓自己越來越好。可能是因為自己本身的個性，我比較喜歡參與女孩子相關的產業，我覺得這樣比較單純；接觸科技減脂之後，不只是脂肪減少、體態有改變，我覺得改變最多的，可能是我們家的飲食習慣。

不只我先生、小孩，我自己還滿愛吃油炸類的食物，現在當然不能這麼放縱了。剛開始的時候，我先生對這個新嘗試還滿擔心的，畢竟是吃到肚子裡的東西，如果發生什麼事，是無法控制的。然而，我那時候才使用兩天，身材就有了變化，我先生看了之後，就說他也要一起來使用。不只他訝異，連我自己也感到驚奇。我先生甚至開玩笑的說：「妳的腿終於能見人了。」因為我是胖下半身，所以平常我穿衣服的時候，都會利用裝扮的技巧，來修飾一下自己，很害怕讓自己的下半身展露在外人面前。

以前我吃任何減肥藥，都沒有辦法去瘦下半身，但這次的學理和體驗，讓我成功瘦了下半身，當我減脂一個星期後，就覺得以前的那些褲子都太大了。現在我先生也一起減脂，他的身材算比較胖，雖然以前有騎車運動，但只要一旦停止運動，體重就會復胖回來。我們兩個又是美食主義者，不會委屈自己去吃不好吃的東西，所以，如果照以前的方法，都會復胖，現在已經沒有這個困擾了。

自從減脂成功，我覺得我的精神也比較好了。以前我很愛賴床，身子容易疲累，現在六點多就會自動起床，不論精神、氣色也比較好。以前比較重口味，現在就盡量以食物的原味為主。當然有時候還是會想吃油炸的東西，但比起之前，已經減少很多了。同時，為了小朋友的健康，除了食物盡量吃原味，在飲食口味的挑選上，有很大的轉變。

我以前不太愛喝水，現在一天會喝上至少二千五百cc的水分，現在我瘦下來了，開始知道低升糖飲食其實對健康比較好，甚至包括在減重的時候，維持愉悅的心情，都有助於減重。

而我先生因為長期以來，他都有打呼的習慣，本來有計劃想去動手術，處理呼吸中止症的問題，因為減脂成功後，打呼的狀況也改善許多。另外，小孩的回饋是最直接的！我老公減脂之後外形有較鮮明的改變，連我五歲的小孩都說：「胖胖的爸爸變帥了！」

從關心自己到關心他人

當我還是個減脂學員的時候，我就告訴自己，並期許自己可以趕快成為教練，到時候，可以協助周遭的人減脂成功；我想繼續經營美容這個區塊，我知道如果我要成長，就得先成為教練，這不僅跟我的工作結合，同時，也是我以前一直在追求的狀態。

成為教練之後，就得去關心每個人。當你還是學員的時候，只會專注在自己的數據，以及服從教練給你的指令，當你想要當教練，並成為教練之後，你就會跳出來，看的不只是自己，還會去看別人；從關心自己，到關心他人。我發現很多人想要減肥，可是他們試過了任何方法，都減不下來；減不下來是一回事，有時候反而會傷身，所以我希望人們在找機會減肥時，也要找到正確的管道。

我有個學員為了減肥，甚至想嘗試縮胃手術，但這就必須要在身上動刀！然而，他現在已經透過我們教他的方式減肥成功，感到很開心！比起手術，我們的方式更容易被他們所接受。很多減肥方式，往往著重在公斤數這個部分，但那種往往復胖很快，而我們著重的是你的脂肪，不論是身體的脂肪還是內臟脂肪。減肥有很多方法，但是要用對方法，才能將脂肪降下來，並瘦得健康又漂亮。

除了美麗，更重要是以健康為導向

現在不只我的丈夫，我原生家庭的親人也一起加入瘦身行列。以我的大

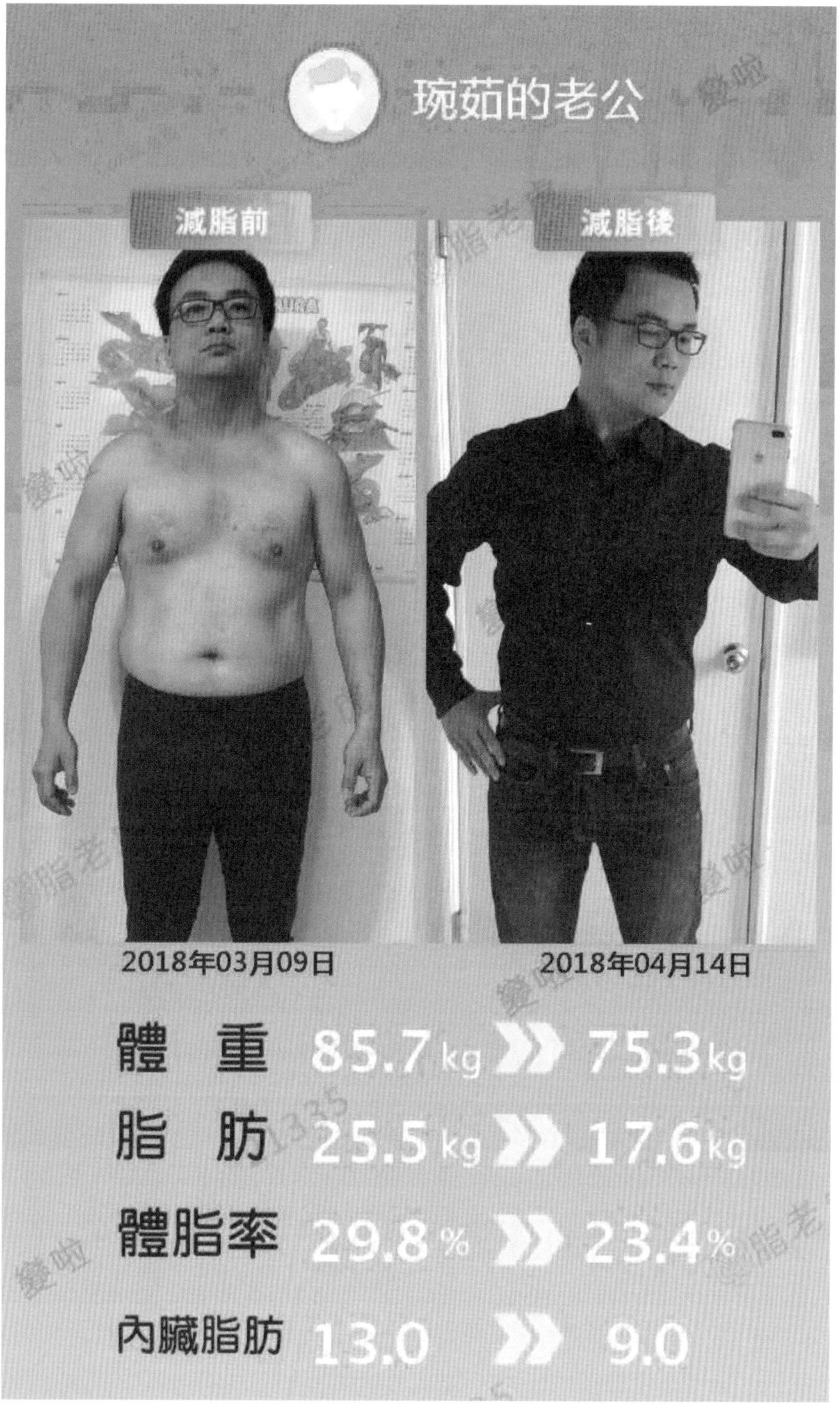
琬茹的老公
減脂前
減脂後
2018年03月09日
2018年04月14日
體 重 85.7kg 75.3kg
脂 肪 25.5kg 17.6kg
體脂率 29.8% 23.4%
內臟脂肪 13.0 9.0

姊來說，她並不是為了變美麗而想要減肥，而是真的肥胖！並且因為肥胖造成許多疾病問題，甚至她的子宮、卵巢也都拿掉了！我們都一直希望她能夠瘦下來，而且是健康的減重。因此，當我跟她分享時，建議她不如當作給自己最後一次機會，慶幸的是，她接受了，並在不到一個月的時間，如願以償瘦了十二公斤。

另外，我家的瘦身啟蒙導師——我母親，在看到我跟姊妹的成果，也躍躍欲試。其實，媽媽是個瑜珈老師，也很注重自己的身材，可是畢竟已經有點年紀了，新陳代謝不好，一般的減肥方法對她已經不太適用。嘗試了我們的科技減脂之後，不只她的精神變好了，內臟脂肪也慢慢在降，這一點，是她覺得最開心的。

女人永遠不會放棄美麗

女人啊！為了減肥，勤勞一點的會跑去健身中心，偷懶一點的會跑美容院，可是你會發現，往往她們砸了很多錢下去，卻沒辦法達成她們想要雕塑的部分。我從事美容的產業，知道美容美體這塊的市場非常大，但有很多人往往都無法控制飲食，沒辦法搭配療程，而沒能夠真正減肥成功，真的非常可惜。我現在所使用的方法，第一個是方便，便利性很高；再來是符合人體的健康機制。

女人永遠不會放棄美麗，這個市場區塊，也不會消失，如果有機會，能夠找回以前的自己，或是更美好的自己，我覺得都可以再給自己一次機會。我常接觸一些美容師，甚至是老闆娘，我也希望提供給她們更好的產品，告訴她們更好的方法，提供給她們的顧客美麗；因此，我也鼓勵一般的美容師，也可以多了解我們所運用的科技減脂，協助他們的顧客身體更健康、身材更窈窕。

身為一個過來人，我可以肯定的告訴大家，像是催吐、吃藥等等減肥的不正確方式，我全都執行過了！不僅沒有效果，而且會影響身體、讓氣色很差，只有找到正確的方法，才能夠正確的瘦下來。

愛美之路，永無止盡。有些人可能會以為減肥是愛美，殊不知，很多時候，肥胖帶來的是疾病，只要不過於肥胖，這些症狀都會消失。美容也好、健康也罷，我從事這個行業，也是為了讓我的家人獲得健康。我覺得我之所以會如此堅持，是因為我想要成為更好的自己。能夠讓自己變得更好，何樂而不為呢？

5000公斤的希望Tips

- 飲食口味不要過重，享受食物的原味。
- 減重，要計較的是脂肪而不是體重。
- 好心情會幫助減重更有成效！

李琬茹Simona教練說：

「如果你正準備減肥，或是想要讓自己更美，或是準備讓自己更健康，不管你之前試了多少方法，都沒有成功，那就再給自己一個機會，一個能夠讓自己變得更好的機會。」

如何聯繫我

李琬茹 Simona 教練

FB：李琬茹

微信：sn131343

Mail：ru1980329@yahoo.com.tw

第七堂課：吃哪些東西會導致肥胖？

食物之罪：高糖、高油就是高熱量

長期攝入高油、高糖、低纖維的食物，如汽水、可樂、罐裝飲料、漢堡、薯條等，這種飲食習慣為以後慢性病的發生埋下了隱憂。例如，常吃油炸食品不僅不利腰圍控制，更會讓膽固醇數值升高，而且有損肝臟。過量食用油炸食品一個月，對肝臟的損傷即類似肝炎。除了西式速食以外，中式速食（便當）也有較高的熱量，多吃對身體無益。

禍從口入！小心生長激素會導致內分泌紊亂

由內分泌腺或內分泌細胞的高效生物活性物質，在體內做為信差傳遞訊息，對身體生理過程有調節作用的物質稱為生長激素。它對身體的代謝、生長、發育和繁殖等有著重要的調節作用。

生長激素食品，也就是在養殖、生產、加工等過程中加入了生長激素的食品。現在市場上很多食品都含有生長激素，比如那些特別肥大的鴨子就是用生長激素餵養催大的。

動物內臟含有較多的膽固醇，而膽固醇是合成荷爾蒙的重要成分。此外，激素食品中還含有腎上腺素和性荷爾蒙（如雄性激素及雌性激素），能促進精原細胞的分裂和成熟。過量的食用激素食品會導致生長激素在體內堆積，而體內生長激素和內分泌紊亂是導致肥胖的一個重要因素。

因瘦重生！
健康不是自己一個人的
游詩賢
Eric
教練

身為家庭的支柱，想要提供家人更好的生活品質，給老婆、小孩過上幸福快樂的日子，是身為男人的責任。如果家裡失去了一個丈夫、一位父親，妻小又該怎麼辦呢？人生的路途還很長遠，失去一位重要的支柱，絕對會影響家裡其他的成員。失去丈夫的妻子，接下來的人生只能孤零零的；而失去父親的小孩，也會影響到他們的心靈發展。而我，不願意見到這種情況發生。

一張體檢報告，令我省思人生

我原本是個賓士車的銷售業務，來往的客戶都是出手闊綽，一擲千萬的大老闆；穿著西裝、打領帶，和大老闆們談生意，生意人紙醉金迷的交際場看似風光，卻讓我在不知不覺中用健康換來收入。

記得我在收到體檢報告之後，整個人如同晴天霹靂。我才三十六歲，卻看見健檢報告書上面標註我的膽囊長了個東西。當下我雖然不至於意志完全消沉，但也讓我意識到——我的身體已不是我所想像的那麼健康。於是，我開始積極尋找醫院，不停地跟醫生請益，所得到的訊息卻是：切掉這個腫瘤，做進一步的治療。

動手術是非同小可的事情，也讓人擔心後續的治療問題。所幸，在這個時候，我遇到了一位貴人，他是我的客戶，有醫學背景。他提醒我，如果每年都有進行體檢，前一年卻沒有這個狀況，其實可以再好好檢查一下，醫學科技再進步，誤差還是存在的。

此外，他也提醒我：「你太胖，該減肥了！」

這個說法我可以接受，因為，我最胖的時候曾經高達一百零三公斤，即使穿著西裝、打著領帶，衣著得體的站在賓士展示間，縱使我的專業知識也非常豐富，但是，過重的外型或許還是不夠討喜，因此還是有些人會忽略我，找別的銷售業務洽談。當然，這並不是促使我減肥的原因，最大的主因，還是希望挽回我的健康。

總之，客戶勸我好好瘦下來，不管是去健身房，還是尋找營養師協助都行。他告訴我，如果我確診要進行治療，醫生也是會力勸我配合醫院策略進行減肥，其實我現在就可以開始做一樣的事；究竟是要在身體還沒有垮下來的時候，執行減脂？還是要到身體狀況不佳的時候，再來配合醫生？

這段話令我深深反省自己，為什麼不在我身體還算健康的時候，開始進行呢？正好我本來就認識潤中教練，常常在臉書動態上看到他的訊息，也發現這幾年他的體重有明顯的變化，於是我就跟他說：「不管他是用什麼方法，甚至是吃什麼，都先給我來一份！」這份非瘦不可的企圖心，讓我跟著他開始減脂生活。

最重要的是，我開始調整我的飲食習慣。

從吃開始改變，調整正確的飲食觀

開始進行減脂計畫之後，我在八十六天減了二十八點七公斤，幾乎是一個小孩的體重。其他的人看了，都以為我有什麼問題？是不是病了才瘦得這麼快？我告訴他們，事情正好相反，我是因為發現身體有狀況，才開始減脂瘦身，而不是因為生病令我瘦下來。瘦下來之後，我回去檢查腫瘤的狀況，已縮小至零點三公分；醫生說那是「脂肪瘤」，而膽囊本來就是分解油脂的，我之前因為太胖而把它養得太大，體重降下來之後，自然有所改善。

雖然聽起來並不嚴重，但如果放任脂肪瘤繼續生長下去的話，有可能會把膽囊撐爆。

像我以前亂吃亂喝，一口氣可以吃掉麥當勞兩份套餐。在減脂的過程中，我卻開始明白什麼東西可以吃、什麼不能吃。其實，有些觀念不是不知道，而是在健康受損的影響下，更發現飲食的重要性。像我們一家四口，之前都是外食，現代人生活忙碌，根本沒空弄吃的；但現在生活步伐調整後，都會盡量自己在家準備食物，在廚房的時間多了，也換來健康。

另外，現在的我也會注意三件事：吃、喝跟作息。以前的我，吃什麼都不挑、不忌口，而且我也不喝水，還喜歡喝含糖的飲料，就算是黑咖啡也要加糖。以前總覺得生活中要喝到飲料，才能得到滿足，現在則是盡量戒掉糖分。另外，我的食量也開始減少，同時慎選食物；像是油炸、澱粉類，就不會去碰。雖然偶爾還是會跟親友聚餐，稍微放縱一下。然而在正確觀念的引導下，我會很自律的調整飲食內容，甚至連作息都開始改善。

從以前到現在，我總共減了快三十公斤，現在還在持續前進。減脂之後，我覺得我的體力有明顯的改善，以前，我是個很容易感到疲勞的人，總感覺怎麼樣也睡不飽，現在不同了，體重及脂肪降下來後，我精神很好，感覺每一天都充滿朝氣。

我成功的改變了自己，讓自己變得更好，因此我也想要幫更多的人，尤其像我一樣，為了生活、事業打拼，而忽略了健康的人。

因為愛，所以更要照顧自己的健康

作業務工作的時候，客戶休息的時間，就是我們的上班時間，客戶隨傳我們就得隨到，應酬喝酒也是一個很大的問題；我曾經被一個客戶刁難，我去見他的時候，他倒了三杯滿滿的高粱酒，跟我說：「喝，一杯一百萬！」為了拿到這張訂單，我一咬牙喝光三杯酒。雖然我拿到了一張三百多萬的訂單，但是爛醉到隔天早上的我，除了渾身不舒服，更難過的是老婆哀傷的神情。她問我：「幹嘛為了工作把自己搞成這樣？萬一家裡有事，小朋友需要爸爸，卻找不到人怎麼辦？」她並沒有用很嚴厲的口吻，而是心平氣和、平鋪直敘的講，反而令我更感到愧歉。

她告訴我，自己的身體要自己顧，沒有人能夠幫你。健康這回事，沒有任何一個人可以取代你。這讓我想起我的岳父、以及爺爺，這兩位長輩也是因為工作關係，身體也不太好。且說我的家庭觀念很重，為了妻小我真的該做出一些改變。

我曾經跟一個銷售成績第一名的業務聊天，我問他，為何您不菸不酒，還能有這麼好的銷售業績？他跟我說，業績不是全靠酒喝出來的，客戶之所以會找業務喝酒，是因為這個業務讓客戶知道他會喝，所以客戶才會一直找他。現在的我也會跟從事業務的人講，如果要改變這個狀況，一定要改變自己，首先要讓客戶明白，你現在不能喝酒，不管用什麼藉口，就是要讓客戶明白，你不碰酒，久而久之，他們也就不會找你了。

也不是每個客戶都一定要喝酒，好的客戶就會顧及到你的身體，畢竟訂單不一定要在飯局成交，在公司成交也是可以的。每個人都有家庭，每個業務為了生活這麼拼，尤其是為人夫、為人父的，也是為了想給家人更好的生活。可是一旦把自己拚倒了，這一切就沒有任何意義了。

發現腫瘤的時候，我那時想著，我的小孩子，一個才五歲、一個兩歲，我要讓他們有父親的陪伴，我還想看著他們長大，於是我辭掉業務，只想著要有好的身體，才能給我的家人一個未來。當我開始瘦下來之後，妻子也發現了我的改變，我也跟她坦誠，我已經離開賓士業務這一途，就是想把自己的身體照顧好；就算我把身體照顧好，也沒打算再回到那個環境，對我來說，家人永遠是第一。

現在我全心投入在這個健康產業，我覺得這是上天給我的安排，不只可以協助更多人健康，同時也讓自己朝這條路走。有很多朋友聽到我成功瘦下來，都問我怎麼吃比較好？要怎麼調整作息，我都會告訴他們我的經驗。有的人聽了就說：「我沒辦法配合。」我告訴他們，很多事情只要你想做，沒有不可能的。下班後有時間去看電視或是放縱，怎麼不拿那時間來照顧自己的健康？不做，肥肉在你身上，不是在我身上，如此而已。

我自己是個父親，也是個丈夫，想讓家庭變得更好，我想大家都一樣，謹記，老天給你的健康機會就一次，有時候可能連任何的機會都不給你。身體長了腫瘤，是上天給我的警訊。我想告訴那些以事業衝刺為藉口的人，想要衝刺，但健康還是要顧好，才能照顧你的家庭、你的妻子、你的小孩。

我從小熱愛運動，大學的時候，還是足球校隊的成員，所以我一直認為我的健康沒問題，即使出了社會，開始變胖，都覺得自己不至於差到哪裡

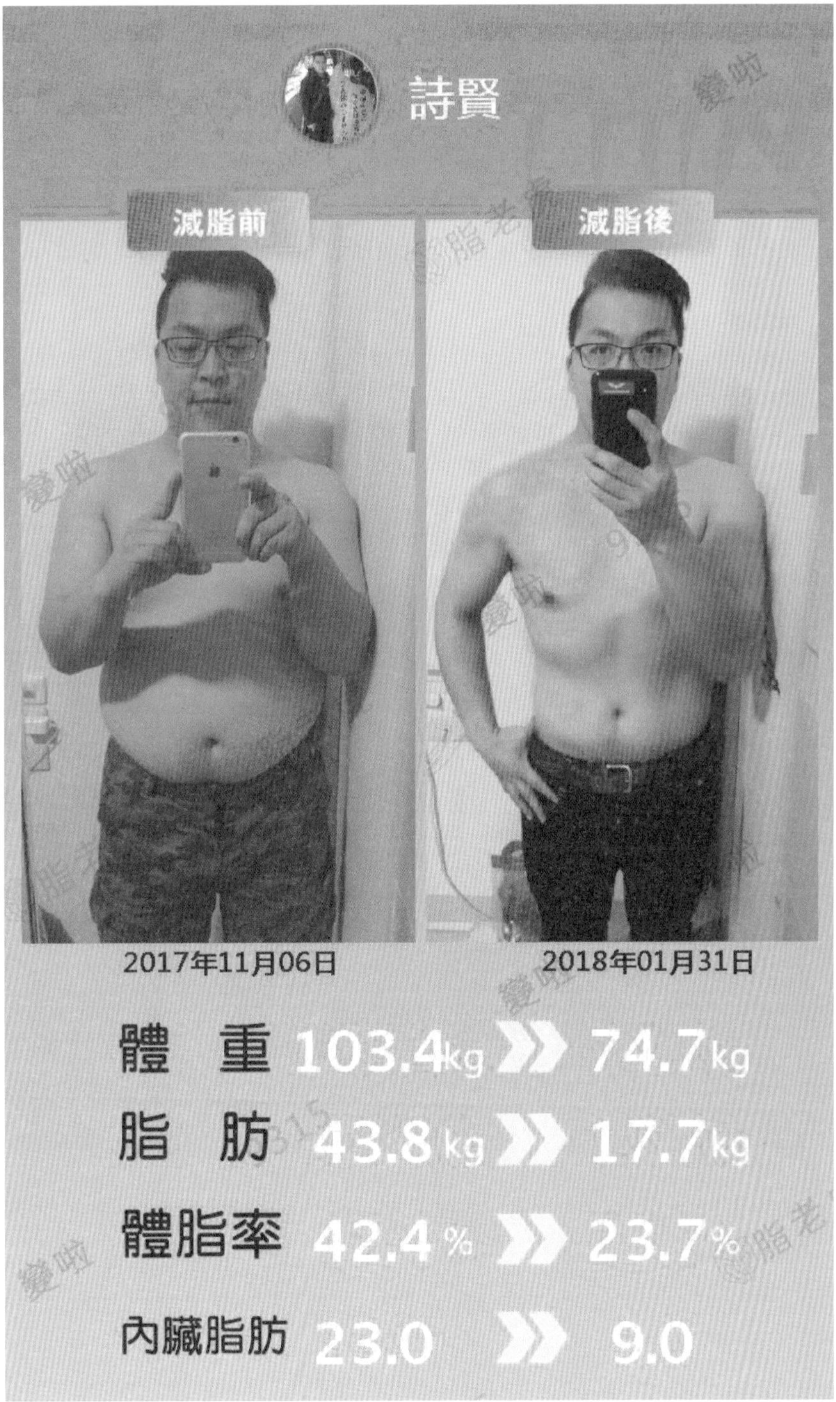
詩賢
減脂前
減脂後
2017年11月06日
2018年01月31日
體　重 103.4kg » 74.7kg
脂　肪 43.8kg » 17.7kg
體脂率 42.4% » 23.7%
內臟脂肪 23.0 » 9.0

去？正因為我以前是個運動員，總覺得比起那些沒運動的人，我的身體應該算不錯，所以當我發現健檢報告書上說有腫瘤時，其實是很震驚的。

這一場危機也讓我自我檢視，雖然我以前是運動員，但結婚之後，運動的習慣整個都停下來了；忙事業、忙家庭，就算想把抱小孩當作是在舉啞鈴，但那是勞動，而不是運動。反而是瘦身之後，才開始重拾運動；有人說：「危機是上天的禮物。」我猜，或許這個膽囊上的小東西，正是在提醒我對自己的健康是否太不注意？是不是仗著年輕的條件，就忽略了中年的健康？健康，是長期的考驗。

5000公斤的希望Tips

・常聽到「少吃、多運動」這句話，卻不見得是對的。有些人為了減重，就開始偏食，或吃得很少，要知道，在你身體沒有得到足夠且正確的營養，這時做運動其實是給身體很大的負擔。像我減脂之前雖然過重，醫生也跟當時血壓過高的我說暫時不能運動，等身體調整好再說。我會建議想要減重的人，先透過飲食控制，幫助自己恢復正常體態，再去維持運動。

・少吃糖、油炸類的食物，多吃點五穀雜糧，纖維素、水果，再以「多動」提高代謝。

・減脂的過程，心情必須要放鬆，不能有反抗的心理，要不然會開始憂鬱，效果反而不彰，所以我會建議先從心理層面下手，不要一次給自己太多限制與壓力。

游詩賢 Eric 教練說：

「想成功減脂，配合教練指導很重要。行動跟著思想，如果你的心沒有配合，很難在減脂這件事上看到效果。減脂這回事其實就是三件事：從身開始變健康、從心開始變滿足、從靈認真去感受。畢竟瘦下來之後，很多不好的東西、不順遂的處境，也會慢慢消失。現在我如果遇到對未來感到迷惘的人，或者因為疾病而感到煩惱，我都會建議他們把體重先降下來，或許會看見意想不到的希望與轉機。」

如何聯繫我

游詩賢 Eric 教練

Mail：lori7928@hotmail.com

Line：Cathaylife.eric

Wechat：Wveric1230

第八堂課：脂肪都藏在哪裡？

皮下脂肪

人體的脂肪大約有三分之二儲存在皮下組織。它不僅能儲存脂肪，還能抵禦來自外界的寒冷或衝擊，正常的維持內臟的位置，在維持健康上扮演非常重要的角色。

內臟脂肪

內臟脂肪是人體必需的，它圍繞人的臟器，主要存在於腹腔，少部分集中在肝臟，能儲存熱量、保護內臟。如果一個人體內的內臟脂肪過少，將嚴重危害健康。然而內臟脂肪也不是越多越好，一般人認為的脂肪指的是皮下脂肪過多，因為這種肥胖對外型影響大，一眼就能看出來；其實，內臟脂肪一樣會囤積，人體的內臟脂肪囤積過多，危害將遠遠大於皮下脂肪的過量囤積。

管道脂肪

血管、腸道、氣管這些管道裡都有脂肪，叫作管道脂肪。

肥胖的人往往會存在內臟脂肪過高的情況，促使脂肪更容易進入人體管道，使人處於冠心病和腦梗塞的高危風險狀態。所以說肚子胖最要命！脂肪越深入越危險。另外還會有「隱形胖子」，外表看起來不胖，但內臟脂肪較高。

與肥胖者相關最重要的指標就是腰圍。研究發現四十歲以下的人，女性腰圍大於八十五公分，男性大於九十公分，是心臟病的高危險群；四十歲以上的人，女性腰圍大於九十公分，男性大於一百公分，是心臟病的極高危險群。

當管道脂肪蓄積過多，就會引發一些生活文明病，還會引起動脈硬化，甚至是腦中風。具有管道脂肪肥胖的人罹患動脈粥狀硬化、腦梗塞、冠心病、心肌梗塞等心腦血管疾病的可能性明顯高於皮下脂肪型肥胖和體重正常者。所以，最重要的是減脂。

瘦身的堅持，為我開啟一扇嶄新的大門

施麗貴 Donna 教練

我是施麗貴，西施的「施」，美麗又高貴的「麗貴」。天性所致，我一直都非常注重外表，不是那種美醜的外表，而是一個人呈現出來是否整齊乾淨、精神與氣色是否良好的那種外表。我總覺得一個人的外在，是一個人對自己的堅持與信念的呈現，也因此，對於打理好自己身材與外在，我絕不掉以輕心！

身為女人都知道，身材真的是需要維持的，尤其當年紀愈來愈大後。對此我堅持了一輩子，從年輕到現在，一直持續嚐試找到有效益的瘦身方式，縱使我現在身材維持的不錯，也不知道未來會不會有需要，所以坊間聽說過的瘦身方法，我幾乎都試過，甚至到醫美非侵入式的冷凍溶脂，我也嘗試過，不得不說，那次真的是一個短暫又耗錢的經驗。

近幾年，隨著自己年紀的增長，代謝的減緩，維持身材這件事情，真的有愈來愈力不從心的感受。在我遇到科技減脂之前，已經使用中藥減重及健身房好一段時間了，但是依舊一直沒有辦法達到我想要的目標。身高一百六十公分的我，去年已經達到六十五公斤，但是過往，我向來一直維持在六十公斤以下，這已經超出我的標準許多，當然瘦身是一定勢在必行的。

只是，去年那次的中醫瘦身，真的讓我打擊很重，停滯得非常嚴重，說真的，到後面，我幾乎已經放棄了。

另一半牽線，偶然與改變的機會相遇

一次偶然的機會，我先生剛好有事情去找為堯老師，結果回來後就告訴我為堯老師的瘦身方式聽起來真的滿有道理，先生覺得我可以去了解看看。聽到他的建議，二話不說我馬上約老師的時間，在順利碰面並且聽完他的說明後，我當下決定直接跟進這個計畫。

我是一個很優秀也很資深的業務，因此對於「好」的東西，我保持很開放的態度，因此當下就敲定把所有需要的物品準備好，同時，我也找我的女兒一起來參與計畫，畢竟每個媽媽也都希望自己的子女健康又漂亮。因此，從二〇一七年的九月，我們母女倆就正式開始啟動我們的瘦身計畫。

在我所有試過的方式中，科技減脂是最有效益而且真的沒有復胖的。從二〇一七年九月開始，到二〇一八年的一月，我已經成功瘦下十一公斤，這還只是第一階段。後來，因為老師的鼓勵，也挑戰了第二階段，讓自己瘦到了四十九公斤。當時看到磅秤上的數字，真的非常開心，還因此大吃大喝慶祝了兩天，體重上面有回升了一點點，不過當我隔天再次恢復這套計畫時，體重又回復正常了。

這真的讓我初次體會，原來瘦身也可以是輕而易舉的事。與我一起參與計畫、身高一百六十四公分的女兒，也因為這套飲食計畫，而成功從七十二公斤減到五十八公斤，現在都保持在五十五公斤，變成一個大美女！

科技減脂的成功，真的讓我超級喜悅，這麼多年，這是減重減得最有成就感的

・麗貴教練的女兒 Alice 是最佳見證

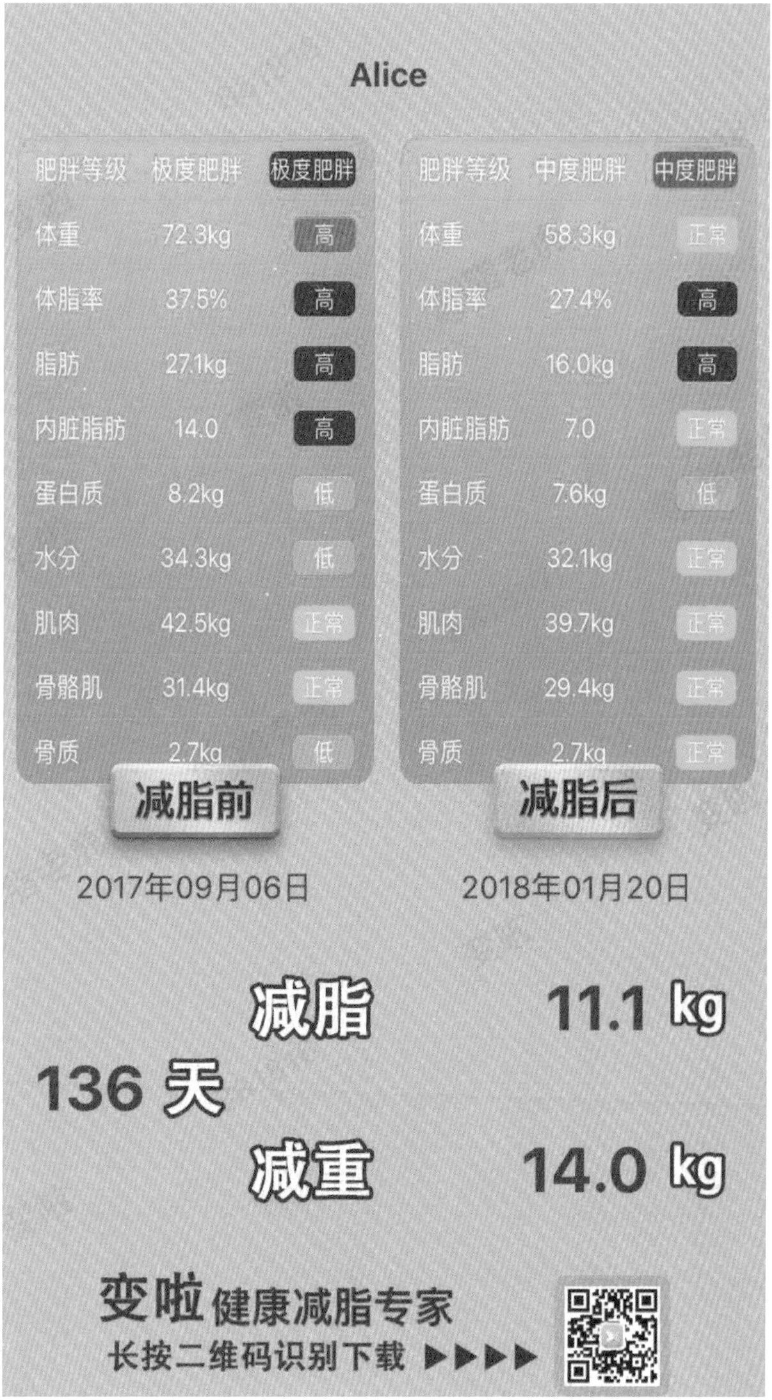
Alice
肥胖等级 极度肥胖 极度肥胖
体重 72.3kg 高
体脂率 37.5% 高
脂肪 27.1kg 高
内脏脂肪 14.0 高
蛋白质 8.2kg 低
水分 34.3kg 低
肌肉 42.5kg 正常
骨骼肌 31.4kg 正常
骨质 2.7kg 低
减脂前
2017年09月06日
肥胖等级 中度肥胖 中度肥胖
体重 58.3kg 正常
体脂率 27.4% 高
脂肪 16.0kg 高
内脏脂肪 7.0 正常
蛋白质 7.6kg 低
水分 32.1kg 正常
肌肉 39.7kg 正常
骨骼肌 29.4kg 正常
骨质 2.7kg 正常
减脂后
2018年01月20日
减脂 11.1 kg
136 天
减重 14.0 kg
变啦 健康减脂专家
长按二维码识别下载

一次，以往不管是冷凍溶脂，還是常用的中藥減肥，多多少少都有點副作用；或是一開始瘦身都有效用，但是一旦恢復正常飲食後，就很快復胖回來，總之，就是覺得很浪費時間跟金錢。但是這次，我卻覺得健康與心情都顧到了，不但沒有氣色差，也沒有不舒服的副作用反應，重點是不會復胖。

變瘦的意外收穫：為自己事業更加分

我從事保險業務工作二十年，從年輕出社會不久就接觸到保險，然後一直服務至今。在我進行減脂計畫期間，有非常多的客戶是親眼看著我越來越纖細、健康，他們也都知道我對於自己的外表與健康很要求，因此，當我展現出傲人成果時，自然有許多客戶開始追問我，到底是如何辦到的？

其實，瘦身對我的許多客戶來說，是很重要也必須的；在保險中，肥胖的人容易會被保險公司要求增加保費，隨著年齡的增長，難免都有肥胖跟健康上的問題，因此，當保險公司覺得健康報告上的數字已經有風險存在時，要求加費也是正常；但也有更嚴重的狀況，是直接拒絕承接這樣的保險。

由於這是因為自身肥胖所引起的，保戶也無法反駁保險公司。因此，當

朋友與客戶看到我用這樣的方法瘦下來，而且還沒什麼副作用時，真的都很驚艷。因此，我決定以自身經驗來幫助保戶與朋友們，讓他們可以變得更健康；讓那些保險公司拒絕承保的朋友可以重新獲得保障，也讓那些被增加費用的人能恢復正常保費，這樣不就是一舉數得？瘦下來之後，生活品質也會得到提升。

因為這樣的想法，所以我分享自己的成功瘦身方式給他們。同時用專業體脂教練的身份，不但可以更專業的分享這些知識，也可以藉此要求自己要記得以身作則，做為大家的瘦身榜樣，維持好自己的身材。我覺得這是一種雙贏，也是瘦身後的附加價值。現在當我成為了教練後，可以更有效益的教導其他想要成為教練的人，譬如說像是我女兒，我也會指導她怎麼協助身邊想要瘦的人，我覺得這是一個很好也很棒的事情。

保險是每個人必要的，但是因為它是保障一個未知的風險，所以很多人無法立刻感受到保險的好處，然而現在當我同時身為體脂瘦身教練時，可以聊的話題更多了，而且是他們更感興趣的，反而對我的接受度更高，也因此，在我的瘦身客戶增加的同時，我的保險業績也更好了。

最有趣的一個差異是，以往都是由我去扮演主動聯繫的角色，關心客戶與聯繫轉介紹潛在客戶，常常要想盡辦法讓他們留時間給我，或是願意坐下來跟我聊一聊。現在反過來，由他們主動找我！因為出於好奇，一直追著我約時間，要問我到底怎麼瘦下來的？往往在跟對方聊完減脂的話題之後，他們也會順帶提到保險，像是會告訴我：「那之前那張保單怎樣怎樣的，你也一起幫我處理吧！」成交締結順勢成形，一點都不費心力。

幫助他人成功，而更有成就感

科技減脂這條路，其實也曾有許多朋友是不看好的。很多女孩子紛紛嘗試各種瘦身方式，但是令人挫折的復胖經驗不勝枚舉。說真的，剛接觸我們的人會抱持著觀望的態度，並不難理解。但是，對我來說，不嘗試就永遠不知道有沒有效，事實證明，我確實達到了我要的目標，到現在，那些觀望的朋友或是客戶，也都回來問我說要怎麼瘦身、要怎麼吃才能也成功瘦下來。

人。

我很開心與為堯老師重逢，我一直知道他是個做任何事情都全力以赴的人。

這次他讓我成為一個可以幫助更多人的教練，這真的是一件很有成就感的事情。我有一個印象深刻的學員案例，他來找我之前，已經要去做胃縮小的手術。為了要健康與瘦身，他身體上已經出現一些負擔了，因此打算花一大筆錢去做這個手術，但是他的母親非常反對，因為這是一個侵入式治療，有沒有後遺症也不知道。

剛開始他聽到我的瘦身方法也是半信半疑，但後來還是選擇試試看。現在已經瘦下二十公斤的脂肪，他的母親非常感謝我，因為我的科技減脂比手術安全也便宜多了，更不用擔心副作用的問題。

他的回饋讓我覺得很開心，在在讓我體會到，我在做一件正確的事情，是真的可以幫助到人的。在我們現在的知識範圍內，了解的事情其實很有限，但是科技是進步很快的；以往，我們都覺得瘦身就是需要慢慢來，一定要怎樣、怎樣的步驟，才能健康的瘦身。因此，當一個真正新的、有別以往的方式出現時，我們往往會用既有的想法與知識去評估，很容易流於批判與否定。

有時候，我們會基於這樣的心態，對於未知且未嘗試過的事情先選擇拒絕；但是說真的，這不一定是好事，因為會限制住自己的可能性，如果因為故步自封的心態，而失去了讓人生更好的機會，那真的就太可惜了！

5000公斤的希望Tips

．瘦身是一輩子的功課，既然是一輩子，那就要每天都去做、去控制，不能荒廢太多天，偷懶一下子或許無所謂，太放縱自己、缺乏自律，就會前功盡棄了！也不代表瘦下來之後，就可以任意妄為，自我管理還是非常重要。

．給自己多一點堅持、強化信念。每個人體質、生活習慣不同，減脂計畫執行的過程中或許會遇到挫折，但請不要輕易放棄，堅持一下沒有想像中困難。

．重視外表就是重視健康，你的身體機能與作息都會反映在外觀上；所以，你要給自己一個觀念：減脂，不只是為了好看，更重要的是調整健康狀況。

施麗貴 Donna 教練說：

「許多人問我說，又不是很胖，為什麼會走上減脂教練之路？我必須說：想減重，正確的知識和方法很重要，正是因為我重視自己的外表，才會有這個結果，有好的瘦身方式，當然不會錯過；我更是樂於教導別人，我在跟客戶分享瘦身時，其實最大的重點還是回歸『健康』，科技減脂會要求作息與飲食的同步調整，但是目的都是為了恢復我們原本的身體機能。現在人購買保險，大多也都是為了未來健康的風險在提早做保障，尤其是社會愈先進，我們的文明病也愈多，沒有健康，賺再多的錢也沒有用。瘦下來的過程或許不是短時間就能實現，但是，保持堅持的信念、開放的心態，努力去嘗試，絕對會讓人生更加的順遂。」

如何聯繫我

施麗貴 Donna 教練

微信：Donnashih1314

Line:：donna1314

FB：大會報告

第九堂課：脂肪過多會引發的疾病

肥胖的七大併發症有：脂肪肝、糖尿病、高血脂、高血壓、心臟病、高尿酸、睡眠呼吸中止症，條條可以要命。所以當肥胖超過一定標準時，其實不只一種病，而是同時發生心血管病、糖尿病、高血壓、肝膽、腸道疾病。

在臨床上經常有一個奇怪的現象，這些病同時來，幾種病往往同時聚集在一個人身上，包括心臟病、糖尿病、高血壓、高血脂以及高尿酸形成。同時這些病的患者，基本上有一個共通性就是肥胖。

這種病在臨床上叫 X 綜合症，又叫代謝症候群。代謝症候群已經成為臨床上慢性致死疾病的最主要病因，大多數患者都很胖，而且這些病沒有藥可以根治。

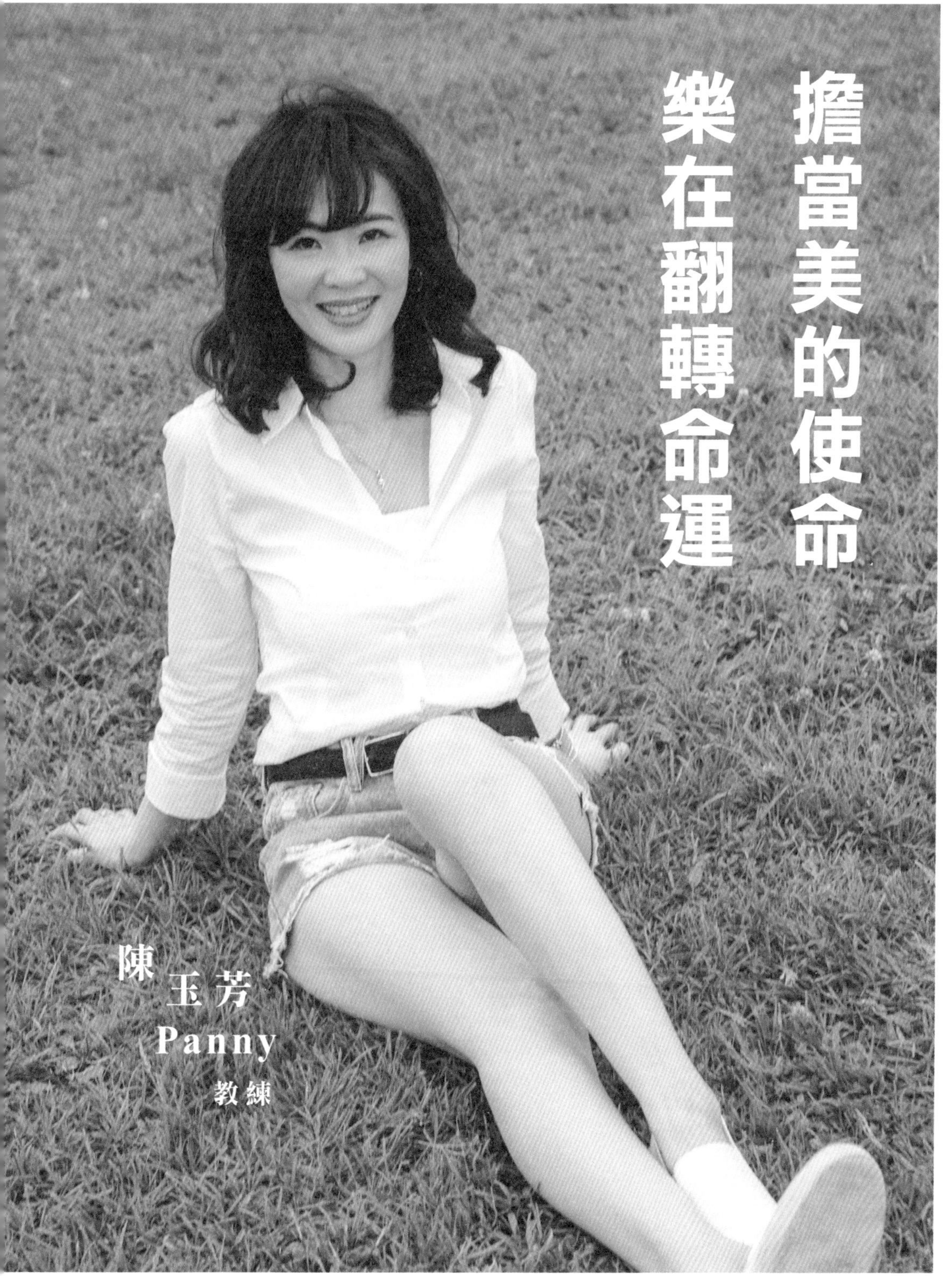

擔當美的使命
樂在翻轉命運

陳玉芳 Panny 教練

我有一雙摯愛的兒女，而且都已經紛紛成年了，每當我這麼說的時候，大家往往露出驚訝的表情，因為我本身是美容師，所以非常注重自己的肌膚保養，並不容易顯得老態，自然也不像兩個孩子的媽媽。雖然如此，我卻總是戰戰兢兢的在保持身材，畢竟不是年輕小女孩，新陳代謝漸漸變慢，有時感覺自己呼吸都會胖。

我的身材雖然不至於圓滾滾，但是下半身的缺點看得一清二楚的，腹部肥胖，大腿及屁股也很多贅肉，走起路來就容易氣喘吁吁。為了遮掩身材所以我大多穿寬鬆的衣服，例如我的褲子都是買L號，一直以來都穿傘狀的裙子，不敢穿牛仔長褲，利用穿著來掩飾我的弱點。

我是一個很注重自己外表儀態的人，但是就是無法持之以恆的做運動，因此以前為了保持身材我總是吃一點點以維持現況。直到我接觸了減脂計畫，開始一步步剷掉卡在我身上多年的贅肉，努力了一、兩個月，我成功瘦了七公斤。這時我不僅衣服越穿越小號，整個人看起來也精神多了。

怎麼會有這樣的變化呢？經過一番細想我終於了解，因為變瘦了之後自信回到我臉上，所以我再也不會像以前一樣有一層一層防護罩，此時大家看我的眼神也就不一樣了。也因為如此，我深深感到減脂計畫真正的價值，不只是讓人變窈窕，而且可以讓人逆轉整個人生！

走過這趟減脂之旅，現在我可以大膽的說：「想要變美真的很簡單！」只要你的心態是愛自己多一點，不只是為了穿上漂亮衣服，得到眾人欽羨的眼光，而是要愛上自己的身體和心理。當你努力了過後，再回頭看看自己，你會很感謝自己選擇這條路。

別讓肥胖影響你的工作與家庭

我是一個經驗豐富的美容師，在工作上常常會幫助他人達成變美的目標。因此，在面對客人的時候，我一定會拿出最誠懇的笑容、最專業的態度，讓客人能夠全心地信任我。然而長期以來在我的內心深處，卻是充滿不安的，因為我對自己的外表卻缺乏自信，看起來屁股贅肉多、大腿粗壯不說，許多因為肥胖所帶來的健康問題，也都會反應到我的臉上。素顏的我，看來總是烏雲罩頂、氣色極差，每天都得要畫上濃濃的妝才敢出門。

試想看看，一個以美為天職的人，怎麼有辦法任憑自己不美呢？我非常無法接受自己的身材，多年來一直都在尋找有效的減重方法，可惜的是每每付出時間與心力，甚至還有大把的金錢，得到的往往都只有無止盡的失望。

如果那些別人口中多厲害、多神奇的偏方，只是徒然讓我白費力氣那也就算了，有些甚至還會帶來強烈的反效果，要不就是一中斷馬上就復胖，要不就是搞得我食慾盡失、營養失調。

其中印象最深刻的是，有一次我使用中藥來減重，結果可能是因為藥效太強的關係，在服藥的半年裡，我幾乎每天都是抖著手在工作的，這對我的工作表現來講影響當然很大，尤其是幫客人做臉部保養時，就連挑痘痘、粉刺都做不好。因此每當遇到預約做臉的客人，我就只好先停藥，但是這樣一下子停、一下子吃，效果當然會大打折扣。我先生也一再勸我不要靠藥物減重，畢竟那是不健康的方法。就這樣歷經了多年的努力，我的體重依舊不動如山。幸虧在我萬念俱灰的時候，認識了潤中，這個美容展偶遇的好朋友，可以說是我們家的大貴人。

瘦身挑戰，先從摯愛伴侶著手

透過潤中的介紹，我才有機會接觸到所謂的減脂計畫，那時候他鉅細靡遺地將自己甩掉贅肉、找回健康的過程分享給我，聽到他誠懇的說明，以及一張張證明的照片，我內心不禁燃起熊熊的希望之火。不過在那個當下，我第一個考慮的不是我自己，而是我的先生，因為身高一百七十五公分，體重八十九點一公斤的他，看起來雖然壯碩，實際上身上掛著許多因為肥胖所引起的慢性病。看到潤中消除內臟脂肪，讓健檢數據恢復正常的成果，讓我不由得在心底大喊：「一定要讓先生執行這個計畫！」

一路以來我對減重都相當熱衷，幾乎各種方法都願意嘗試，不過先生的態度就保守多了，雖然他知道自己也該努力維持良好體態，但就是不願輕易嘗試，再加上我老是屢戰屢敗，更讓他對各種方法都抱持高度戒心。

難得的是，在我照著潤中的說法分享了減脂計畫之後，先生卻沒有太大的抗拒，反而覺得可以試試看。後來我問他原因，才知道他一方面是心疼我對他的操心，另一方面是因為這項計畫的出發點相當正確，方法也很健康，而且全程都有教練可以諮詢，讓他覺得可以相信。

經過兩個多月的努力，先生成功瘦下了十八點三公斤，如果這兩個多月都沒有見過他的話，那一定會對他的改變大吃一驚，但是因為我每天都跟他相處在一起，所以反而比較沒有那麼大的衝擊。真正讓我感受到他真的「不一樣了」的關鍵，則是他的打呼聲。以前他睡覺都鼾聲如雷，深深影響我的睡眠品質，然而自從他減脂之後，我漸漸察覺自己好像都可以一覺到天亮，這才發現先生睡覺時已經不會打呼了。

這個關鍵因素後來也影響了我，願意分享減脂的心路歷程，積極投入教練的行列，希望幫助更多受到病痛或失眠困擾的人，協助更多需要的人重新找回自信。

做法與觀念兼具的減脂計畫

在看到先生執行減脂計畫兩個禮拜就瘦下五公斤之後，我知道自己也該上場了，所以我也開始投入計畫之中，夫妻倆一起在減重的路上攜手努力。或許是因為有共同目標的關係，我們的感情比以前更加融洽緊密。

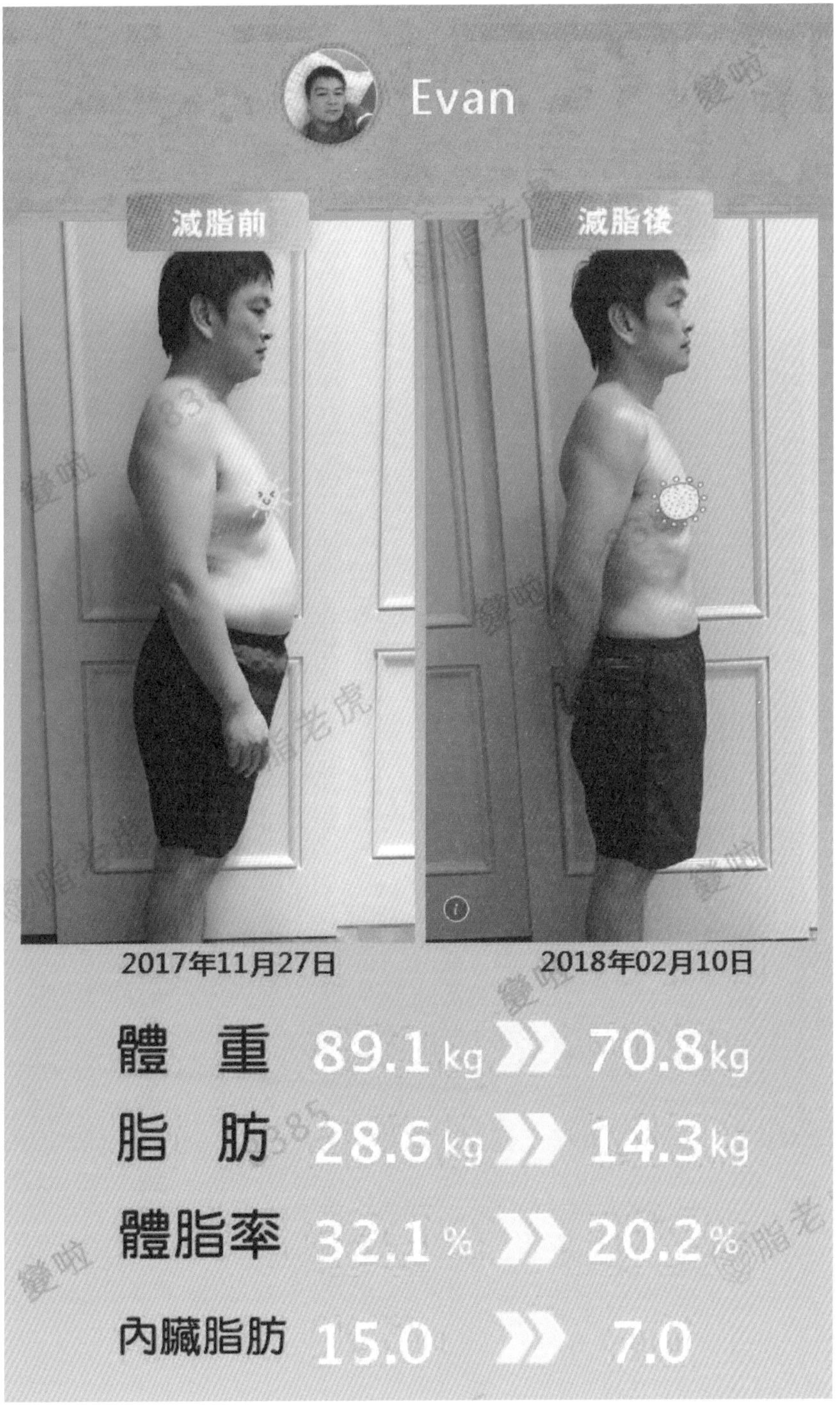

‧Panny 老公 Evan 的減脂見證

我先生在瘦下來之後，重新去做了一次健康檢查，拿到數據非常漂亮的檢查報告時，他給了我一個溫柔的眼神，感謝我一路支持他找回年輕健康的身體。在那一刻，我的眼淚幾乎都要掉下來，因為我能夠感受他真的如獲新生。而我自己也是一樣，減脂成功後穿衣服不需要再辛苦遮掩缺點，發自內心的自信笑容也為我贏得好人緣，在工作上擄獲更多客人的心。

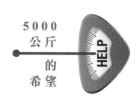

此外，在減脂的過程還有一個相當大的改變，就是全家人的飲食習慣。我們原本是偏好重口味的家庭，餐桌上總是會有大魚大肉，高鹽、高脂、高熱量的食物完全來者不拒，對於美食的愛好總是戰勝對健康的擔憂。但是，進行科技減脂之後，我們的飲食觀念與對食物的選擇產生了改變。除了三餐會做到減鹽、減油、減糖之外，還懂得要挑低升糖的食物吃，就像在豬肉與海鮮之間做選擇的話，我們就會選海鮮來吃。

愛美一族總是不斷的追逐各類減重商品，我相信有效的減重方法有很多，但是大部分的人在減重成功後很快就會再次復胖。尤其是單純利用挨餓節食和魔鬼運動來減重的人，其中也不少人因此反而導致暴食症，不但內心受到許多折磨，連帶體重也常常是起伏不定，使得身體變得更差，而這一切最主要的原因就是依舊維持過往的飲食習慣。所以我真的非常喜歡這套減脂計畫，因為它不僅給方法，還帶來全新的觀念，讓我們可以透過一陣子的努力，得到一輩子的改變。

推己及人，讓身邊的朋友一起翻轉生命

常聽人說：「減重是女人一生的課題。」的確，愛美真的是女人的天性，我在美容領域裡，看到非常多為了變美可以不顧一切的例子，而維持完美體態又是最多人關注的焦點。自從我甩肉成功之後，陸續有非常多身邊的親朋好友來詢問我方法，而我也會知無不言地盡量分享。在這樣的過程中，我漸漸感受到自己的使命，我發現每當有人因為我的分享而改變人生，就會讓我得到莫大的成就感，於是我決定踏出那重要的一步，成為散播歡樂分享愛的減脂教練！

一路走來，我覺得最大的滿足就是看到很多學員在減肥之後，不僅得到了健康，而且更是充滿自信。不可諱言的，肥胖的人在社會上真的會遇到不少狀況，像是找工作就可能比一般人阻礙更大，再加上自己還有自卑感，那

就更難出頭天了。當然，找對象對他們來說也不容易，雖然我們都相信「真愛」的存在，但真愛不也包含著好好愛自己，照顧好自己的身體，在對方面前呈現出自己最好的一面嗎？

透過許許多多減脂教練的努力，現在已經有非常多人藉著這個減脂計畫從醜小鴨變成美麗的天鵝，因此我能確切地感受到這個身分背後所蘊含的莫大成就感。我相信減脂計畫一定能像幫助我一樣，讓更多人找回美麗與自信，所以只要有人前來詢問，願意聆聽，我就會一直不斷地分享下去。

標籤都是被自己貼上去的、框架也是被自己設限住的，當改變的契機悄悄來到你的面前時，一定要懂得好好把握。相信我，嘴饞只是暫時的慾望，但肥胖卻會造成人生中無窮的困擾，唯有透過觀念與做法兼具的正確方法，才能真正逆轉人生、找回自信！

每個人都期待自己能脫胎換骨，華麗變身的一天，那麼千萬不要等待，唯有行動才能帶給人生不同的轉變！

5000公斤的希望Tips

・減重可以有許許多多的方法，但是萬法的根本莫過於「自律」。在引領學員執行減脂計畫的時候，我總會把「自律才能帶給你自由」這句話當成座右銘，因為如果無法戰勝慾望，那麼所有投注在減重上的努力終將都會白費。

・「莫忘初衷。」每個人想要減重的原因可能不盡相同，有些是為了健康，有些是為了帥氣或美麗的外表，也有些是為了賭一口氣。無論如何，那個讓你想要改變自我的原始動力，將會是你能否堅持到底的關鍵，每當感覺受挫了、想要放棄了，就好好思考一下自己為什麼要開始這段旅程，並且想像一下減重成功之後的自己，相信美好的「初衷」一定會為你加油的！

・正確的觀念啟發卓越的行動；基本上不僅是減脂，人生中的任何事情都可以套用這個方法。坦白說，如果連自己都沒有辦法管理好身體，在生活中隨時都有可能讓慾望牽著鼻子走，那麼想要成就大事業自然就不太容易了。

陳玉芳 Panny 教練說：

「優雅美麗的奧黛麗赫本相信是許多人心目中永遠的女神，然而美麗不是垂直的量表，也無法復刻模仿。身為一個美容師，服務過眾多女性，我更了解每個人都有屬於自己獨特的魅力。多年來我都堅持在自己的崗位上，努力為人們找回美麗與自信，擔任稱職的美麗守護者。然而我自己卻因為身材的關係而離美麗越來越遠，即使化妝可以彌補、衣服可以遮掩，但我仍舊內心渴望著更有自信的美麗。在施行減脂計畫之後，我順利甩去多餘贅肉，看著鏡子裡的自己散發出精神奕奕的光彩，我就知道自己已經成功逆轉人生了！」

如何聯繫我

陳玉芳 Panny 教練

LINE ID：panny8600

微信 ID：penny3462

FB：陳玉芳 penny

第十堂課：肥胖與內分泌的關係

肥胖主要分為以下三類

第一類、單純性肥胖。是因為飲食、運動以及不健康的生活方式所致能量攝入過多而堆積體內，引發肥胖症，並導致內分泌的紊亂。

第二類、內分泌性肥胖。內分泌異常常伴有既發性肥胖症。如甲狀腺功能低下、多囊性卵巢症候群、腎上腺皮質功能減退、庫欣氏症候群等疾病均可以導致患者肥胖。內分泌異常常會影響脂肪的代謝，脫脂轉化酶（LPA）是人體分解、轉化、減少脂肪的核心成分，可以加速脂肪的分解速度。人體內LPA越少，人就越容易發胖，還會導致脂肪的長期堆積，這就是為什麼有的人吃很少的食物也會胖起來的原因。同樣的，也有人體內LPA分泌非常多，致使脂肪分解很快。所以內分泌平衡的人是不容易過胖的。

第三類、家族性特發性肥胖。這種情況常常找不到原因，檢查內分泌並無異常，吃得也不多，一般有遺傳基因與遺傳背景。

所以肥胖和內分泌互為因果，肥胖導致內分泌紊亂，內分泌紊亂又加重肥胖！

堅持創造成功，與自信及美好相遇

邱玉芳 Demi 教練

我本身的工作是電子業的業務，我身高一百五十六公分，因為工作壓力與三餐不正常的關係，從二〇一五年五十公斤到二〇一七年增胖至六十公斤，持續胖了兩年多，又因為甲狀腺低下的問題，發胖的情況就變得更加嚴重。我可以體會到，為什麼肉肉的人都不會覺得自己胖，因為在那個當下，已經習慣肉肉的自己了，雖然對身材不滿意，但沒有強烈的減肥動機。

真正令我下定決心要減肥的初衷和關鍵，是因為我的姊姊。

我的姊姊身高一百五十三公分，體重八十公斤，之前我陪姊姊去健康檢查時，醫生就警告過她，如果體重再不減下來，之後出現糖尿病等其他疾病，就會嚴重影響健康了。看見姊姊的情形，我突然很想幫她，但前提是我要自己先減下來，於是，才決定先從改變自己開始。

甩開肉肉後的「副作用」

瘦了以後，外貌的改變，讓我的心境也變得跟以前截然不同。從前我不管去哪裡買衣服，就算試了一百件，也會感覺穿在身上都不滿意。有句話說：「人瘦百搭，人胖白搭。」以前會覺得這句話很刺耳，但只有真正胖、瘦過，才會知道那其實說的是事實。

以前的我無時無刻都覺得自己不夠瘦，只要穿上短袖，肉肉的粗手臂就不知道該往哪邊藏。怎麼擺都覺得它又胖又醜，露出來的地方都是油，那些多出來的肉肉，害我變得自卑，穿衣服絕對不敢露手臂，天氣再怎麼熱，都一定會堅持要穿著外套。

那種害怕被別人知道我變胖的恐懼，只差沒在自己的額頭上，蓋一個隱形的胖胖肉包子印章了。但是，你相信嗎？我現在買衣服的情況，剛好完全相反。逆轉成是這件穿起來也好看，那件穿起來也很美，選擇性爆增好幾倍。變瘦之後的「副作用」就是，變得比以前更愛漂亮，會一直想買新衣服，好好打扮與更愛自己。

當我以前過度沉浸在我的工作時，幾乎忽略了自己的健康，直到變成一個既不健康、又不漂亮的人，才發現我正在失去重要的東西。但現在完全不會有這個困擾了，減脂之後，增加了自信心，人真的就會變漂亮。讚美的眼光與別人的認同感都變得比以前多。最明顯的例子就是去買東西或辦事情的時候，對方跟我說話的態度，就變得很不一樣。

以前人家口氣就很敷衍，一副愛理不理的樣子，但現在我一進去，對方馬上迎面而來，笑嘻嘻地說：「美女，我跟妳說……」心裡就會偷偷覺得，哇，也差太多了吧，很多人說話的方式、語調、態度、表情，也改變了。也從他人對我態度上的轉變，令我開始注意到，原來形象是會影響我給別人的觀感。從此以後，形象就成為我想努力去經營的第一印象分數。

五花八門減肥法，往往越減越恐慌

這條漫漫減肥的長征路，我從高中時代就已經在進行了。高中時期的女孩子每個都很愛美，也會互相交流如何才能變瘦變美，只要聽別人說了有效，各式各樣的減脂瘦身方法我都會去試。我試過中藥減肥，針灸埋線的調理方式，一開始的確有瘦。不過中藥是藉由抑制食慾的原理來減肥的，腦子告訴你不想吃了，肚子不餓，嘴巴吃得少了，身體自然會餓瘦。但這種方式，並沒有告訴我什麼是正確的飲食，只要一停下來，就又反彈復胖。

我也嘗試過不同牌子的減肥藥，有一些減肥藥還是我姊姊買給我的，因為我們全家都想減肥，所以一家子常常都拿自己的身體當白老鼠，做「減肥實驗」。

記得在我高中時期，我吃了減肥藥之後，開始會陸續出現心悸、頭暈、興奮、想吐的情況，那些副作用很可怕，我才發現用錯誤的方式減肥，反而變得不健康又沒減到。

還曾經吃了會不停排油的減肥藥，但其實它裡面的成分是有含禁藥的，可是那時候很紅，許多藥局都有賣。吃這款減肥藥有個最麻煩的困擾，就是三不五時就必須去廁所排油、拉油，對上班族女性而言，真的蠻不方便的，會嚴重影響上班的品質跟情緒。當然現在就知道，藉著排油的方法減肥並不正確，可是在當時，一心只想趕快變瘦，會覺得只要能瘦，它就是正確的。

我相信很多人在減肥瘦身的時候，都試過各種不同的方法，也都很想要再找回自己健康的外表，但是方法用錯了，再怎麼減都是徒勞無功。從前我以為只要拚命運動就可以瘦，我奉行少吃、多運動的減肥信條，加入健身房少吃多動，瘦是有瘦下來，但成效不明顯，花了十個月，只減輕四公斤然後就停擺不動了，停滯在那兒，再也沒辦法往下繼續減。

但是接觸到科技減脂後，想法與技術都顛覆了我的經驗，我在五十五天

成功的減脂讓體重降至四十七公斤，很開心圓了夢，我在今年三月去華欣，穿上了人生的第一件比基尼，重拾了青春與自信。

自從我減脂成功，真正瘦下來之後，再去運動的時候，才發現身體輕盈了，運動也比較不會覺得吃力。

毅力與心態，決定了瘦身成果

如果要減脂成功，找回健康值與好感度，真的是靠自己的決心和毅力贏回來的！我是個很有毅力的人，真心想要做的事，就會竭盡努力的去做。這可能跟我的業務性格有關，一旦設定了目標，就會憑著一股拚勁勇往直前。變瘦了以後，業務量也的確比以前胖胖的時候要好了些，不過最重要的是我自己心境改變了，人一旦有了自信，看事情的角度不再只有負面，別人看待你的眼光自然也會不同。

所以我個人認為，不只是外在的改變，內在的轉化、調整，才是我真正的收穫。以前負面情緒比較多的時候，很容易因為別人隨便一句話而糾結不已，苦惱著他為什麼要講這句話呢？為什麼要故意這樣刺激我？但是因為現在我的心態擺正了，當那個人再講出相同意思的話時，我就不會再去鑽牛角尖，對方發現我沒有像過去一樣那麼帶刺了以後，對我的態度自然也會變得柔軟。

做任何事情，最重要的就是毅力、堅持，和真的想要的決心。

這五十五天我是怎麼做到的呢？重新調整飲食，是我控制一切的關鍵，記錄自己每天的飲食，也別忘了，每天早上都要站上體重機，誠實面對自己體重的任何變化。

我後來發現，減脂的過程中，最重要的部分是飲食，再搭配「科技減脂」，它們是環環相扣的，我這才明白，過去在減肥的道路上，究竟走了多少的冤枉路。

改變自己，也幫助姊姊創造新人生

我的姊姊胖了十二年，生完第二個孩子以後，產後的身材就再也沒辦法回到從前的模樣。沒生小孩以前，姊姊的體重四十七公斤，生了第一胎後，開始胖了十公斤，等到生第二胎的時候，前面胖的部分都還來不及減掉，新的肥胖就又累積了上去，從此苗條的身材再也一去不復返。

這十二年來的每一天，她都很想瘦，很想再穿回從前的衣服。但是長期以來的飲食習慣、生活習慣，總是習慣把自己的身體當成孩子的廚餘桶，再加上自己的意志力不夠，我總是看見姊姊常常在減肥，卻又永遠沒成功。

她曾經靠喝奶昔的方法減肥，確實有瘦下來十公斤，可是後來就又發生反彈效應，很快體重就再飆升回去了。所以當我瘦身成功之後，我第一個想到的，就是我一直想瘦卻永遠都瘦不下來的姊姊。

姊姊看著我這五十五天以來的心路歷程，心裡也非常驚訝，竟然不到兩個月，就像氣球消氣了一樣變瘦變美了。所以姊姊就跟我一起加入減脂的行列。姊姊目前仍在進行中的狀態，但因為姊姊的載體比較龐大，目標是設定減到四十五公斤，姊姊現在的體重，已經從原本的八十公斤，減輕了十六公斤的脂肪，接下來還有一段路要繼續加油。

但別擔心，有我在身邊陪著她，相信再過不久，那個漂亮自信的姊姊一定會再站在我面前！在人生的旅途上，有些東西轉眼即逝，有些卻會永遠與你相伴，譬如我們健康的身心。很多事情，只要相信並堅持著就能成功，親愛的朋友，請相信我，也相信你自己，某一天，一定能遇見更好的自己！

5000公斤的希望Tips

・控制飲食這件事，絕對是每個想要減脂瘦身的人最難克服的魔障。只要挑選適合的食物，藉由低升糖飲食的健康概念，根本不必擔心不好吃，或吃了會變胖。

但能吃的東西，和不能吃的東西，這兩者之間沒有模糊的界線，只要堅持住「低GI飲食法」、適當份量、烹調簡單、細嚼慢嚥這四大原則，再配合教練教的科技減脂方法，想變瘦真的一點也不難。

・常聽人說食物有分低GI、高GI，究竟什麼是GI值呢？GI值（Glycemic index），稱為「升糖指數」。簡單來說，GI值就是吃進的食物，造成血糖上升速度快慢的數值。低GI飲食其實日常生活中處處可見，海鮮類的食材幾乎都是，像是魚、蝦、牡蠣，另外還有豆腐、雞蛋、木耳、蘋果、芭樂、綠色蔬菜。至於主食方面，可以用糙米飯、五穀飯、全麥吐司來取代白米、白粥；高纖蔬菜要優先選用；蛋白質方面，選擇去皮雞肉、魚肉、海鮮類、豆腐、無糖豆漿這類優質蛋白質，取代高油脂香腸、臘肉、三層肉；湯品部分不要選擇勾芡類。

· 愛吃的人都知道，要排除心中的貪吃雜念，強迫自己不去看、不去吃那些誘惑人的美食，時時刻刻和內心想吃的自己在打仗，是一件超高難度的挑戰！

在我的經驗裡，大部分的時候都只是嘴饞而已，並不是真的餓到想吃，所以我們的自制力是在和嘴饞打仗，不是和飢餓作戰，撐過了，贏家就是你。如果真的熬不住，偶爾貪吃一下，也不要有太深的愧疚感，只要第二天早上量完體重後，再調整當日飲食就好了。這不過就是正常的人生會遇上的考驗，嘴饞不是罪惡，我們可以原諒自己，只要記得第二天要去「懺悔」，快把停滯或上升的體重補救回來，就算想「破戒」吃一次韓式烤肉、碳燒五花肉都不成問題。

邱玉芳 Demi 教練說：

「有一句話說：『一天一蘋果，醫生遠離我。』也許很多人不相信，蘋果是非常好的瘦身法寶，不僅有抗氧化作用，還能抑制脂肪吸收，只要一顆蘋果，就可以讓我享受變瘦以後的健康人生。我曾經是一個不敢穿短袖露出胖手臂的肉肉女，但現在，我已經變身成一個充滿自信、每天笑臉迎人的陽光美女，正面的心情，讓我看見更美好的人生。」

如何聯繫我

邱玉芳 Demi 教練

FB：Demi chiu

IG：demi.chiu

第十一堂課：不孕不育與性能力下降．肥胖對成年男女的影響

胖子性冷感多！人類性慾的產生是以性荷爾蒙的分泌為背景的，而肥胖往往會使性荷爾蒙分泌出現問題。因為肥胖導致控制性腺發育和運作的腦下垂體後葉脂肪化，使腦下垂體功能下降甚至喪失，以及性荷爾蒙釋放減少。

要想預防性冷感，首先就要減肥！而減肥最重要的是飲食要符合能量負平衡、低升糖及富營養的要求。據《印度時報》報導，印度一位性學家在《性功能與肥胖的關係》報告中指出，肥胖會影響男性性功能，男人的體重每超重五公斤，其生殖器就會縮短一公分。

為什麼會這樣？具體原因如下。

首先說說成人肥胖的問題，專家說，成年男性肥胖者的生殖器確實顯得小，主要是因為肥胖者的腹部、會陰部脂肪很厚，有一部分外生殖器被厚厚的脂肪包埋了，這樣就使陰莖看起來較為短小，但是其實陰莖並沒有真的變短，只是有一段被埋在脂肪裡了。一旦減肥瘦下來，埋在脂肪裡的那個部分就露出來了，就又大了些。

再說說從小就胖的問題。男孩在青春期如果較胖，會影響生殖器的發育，這是因為，肥胖可使體內雌激素明顯增高，從而影響生殖系統發育，並對內分泌系統產生影響。

男性欲望強烈與否主要取決於體內的雄性激素，男性過於肥胖會導致脂肪增加，使雄性激素過多地轉化為雌性激素。雌性激素血濃度可增加一倍以上，阻礙性荷爾蒙的分泌，導致性功能不同程度降低。

肥胖影響性生活質量的原因來自以下幾方面：

・腹部肥胖，會妨礙陰莖進入陰道，也同樣影響性交動作的進行。

・肥胖常伴有糖尿病。有百分之六十到百分之八十的成年糖尿病患者都十分肥胖。糖尿病容易引起神經與血管病變，調控性功能的神經、血管也難免受累。

・肥胖常伴有高血壓，許多降壓藥物會影響性功能。

・病理性肥胖，尤其是內分泌疾病引起的肥胖，這些疾病本身也會引起性功能異常。

當肥胖影響性生活質量時，要從根本上控制肥胖。要治療引起肥胖的疾病，進行低升糖、能量負平衡、富營養的飲食管理，再配合適度的運動鍛鍊，既有助於減肥，也有助於提高性慾。此外，可調整性生活的方式和體位，以提高性生活的質量。

走出絕望低谷，重回家庭支柱

彭潤中 Brian 教練

我本身是學戲劇的，高中唸華岡藝校，大學讀的是文化大學，年輕時也曾經是個廣告明星，二十年前，當我還是個小鮮肉的時候，曾和舒淇一起拍過電影。

但沒有人脈背景的我，為了求穩定，沒有繼續往演藝圈發展，後來因為父親的關係，我在銀行工作了六年，也是在銀行工作的那段時間成家立業生小孩。

在銀行上班的那六年，雖然工作環境穩定，但不愛唸書的我，看著同期的同事們證照一張一張的考，莫名的壓力，讓我變得很不快樂，也讓我開始認真思考：「我要像父親一樣，就這樣過一輩子嗎？」後來，因為投資的關係，被朋友倒了一筆錢，心裡急著想賺錢，在網路上尋找賺錢的機會，就這樣接觸了一家和體重管理有關的直銷公司。剛好當時的我很胖，也苦無瘦身方法，因此，就開始減肥，瘦下來後，信心大增，毅然決然離開人人稱羨的銀行金飯碗。

只不過，隔行如隔山，回想當時，樂觀又單純的我，以為只要照著台上講師講的，簡單相信，聽話照做，有一天我就可以和台上的高階夥伴一樣財務自由，過著人人羨慕的生活。於是就像著了魔似的全心投入，雖然沒有成績，但很開心，每天充滿著盼望的參加一場又一場的活動。

歷經挫折的幽谷，與死神擦身而過

直銷是沒有薪水的，所有經營相關的花費，加上原本的房貸生活開支，短短不到兩年，就燒光了我兩百多萬元的積蓄。但這時的我，依然充滿熱情，雖然沒有賺到錢，還是想辦法全心投入，也不知是哪裡來的熊心豹子膽，陸陸續續拿房子去銀行增貸，短短四年多的時間又增貸了六百萬元！那時老婆完全不知道。

龐大的經濟壓力，加上不能說的處境，讓我無法再開心起來。我開始害怕，完全失去信心，變得無法再與人互動接觸。常在心裡一遍又一遍問自己：「我怎麼了？我不知道我做錯了什麼？我這麼努力，為什麼得到的卻是這樣殘酷的結果？」

自我否定和負面情緒，就像宇宙黑洞，不斷的吞噬著我的靈魂。後來太太發覺我有異狀，陪我去看精神科，才終於明白，原來我……真的生病了！

得了重度憂鬱症。沉重的千萬房貸壓力，徹底壓垮了當時的我，曾經絕望到兩次準備要自殺，到我家頂樓往下看，盤算著要往哪裡跳才不會傷到人……。

說不出口的經濟壓力跟精神壓力，讓我就算撐不住了，也沒辦法向自己最親密的太太講實話。可怕的憂鬱症，使我完全封閉自己，曾經整整一個月的時間窩在家裡，連洗澡都沒力氣，對食物也失去了味覺，吃什麼都沒有味道，所有的生活作息大亂。

白天很害怕天亮，到了晚上又睡不著，生理跟心理都嚴重生病了，嚴重到讓我的老婆就像個單親媽媽帶著孩子，保護著孩子，整個家裡的氣氛變得詭異。那時候，我的情緒起伏非常大，一方面出門在外的時候，必須讓人覺得自己很正面，但其實一回到家，整個身心狀態都是疲累的，情緒很容易變得低落，很難爬起來。

現在回想起過去那一段歷程，感謝上帝真的很愛我，沒有讓我跳下去。真跳下去的話，我怎麼可能還會有機會知道，自己現在竟然可以這麼幸福！感謝在我最低潮的時候，我的大學同學帶我走進教會，認識上帝，花時間陪伴我，讓我在信仰中重新獲得了慢慢恢復的能量。

抵抗憂鬱襲擊，先接受失敗才能走出來

感謝虎林街浸信會的何牧師和師母當時的陪伴開導，牧師告訴我，經濟的問題必須要跟太太坦誠，把這些年的情況老實告訴太太。當時我真的很害怕，害怕和太太講完大概就要準備離婚了。感謝上帝！當我和太太報告完實情之後，她竟然沒有多說什麼，只是平靜地說，既然遇到了，就面對它，願意和我一人一半一起分擔。

我當時真的既感動又自責，一直到現在，我都很感謝她，感謝她不但沒有責備我，還陪著我一路從黑暗絕望的封閉世界走出來。也因為有了信仰與家人支持的力量，我開始願意接受治療，接受自己真的生病了，要去看醫生，要按時吃藥。

接受治療之後，我也重新開始找工作。但四十歲的我，脫離社會長達七年的時間，還能做甚麼呢？當時有個朋友知道了我的狀況，便介紹我去做運鈔保全，建議我就把工作當運動，不要胡思亂想，先讓自己放輕鬆。我接受了朋友的建議，去做運鈔員這份工作。

我永遠記得，保全公司的高董事長親自面試時，看我西裝筆挺、精神

抖擻，好奇問我：「以你的資歷，應該要去業務部，為什麼想要應徵運鈔員呢？」殊不知，當時的我還陷在憂鬱症的泥沼裡，其實是沒有自信的，於是我找藉口，請董事張給我一個月的時間，讓我瞭解基層是在做什麼，等一個月結束之後，我再去業務部工作。現在回想，我非常感謝那一個月的經驗，也因為經歷過那一個月，讓我往後在面對各種困難時，都覺得再也不是什麼太大的問題了，因為那一個月真他媽的很辛苦。

順利進入業務部之後，開始接觸各種客戶，自信心開始慢慢恢復。我也警覺到，這樣下去不行，生活跟經濟的重擔，其實都壓在太太的身上。於是，我開始尋找一些挑戰高獎金的工作，陸續做過人壽保險、電銷產業、貸款業務，但其實這些都屬於高獎金、高壓力的工作，我以為我已經可以勝任，但身心還是無法負荷。後來，透過教會朋友的引薦，做了一份穩定的業務工作，本來以為，這輩子就這樣終其一生了。

絕處逢生，遇見轉化契機

直到二〇一七年九月，我的好朋友約我見面，說要告訴我一個生意機會。還記得我們見面的第一句話，我就說：「你今天要跟我聊的東西，如果是直銷，就不要告訴我，我不想聽。」朋友說不是直銷，是電商。我心想不是直銷，那我聽看看。結果他告訴我是跟減肥相關，我心裡想著：減肥，我比你還內行，我曾經幫助過那麼多人減肥。哪輪得到你來告訴我！

但接著他給我看許多的數據，都讓我為之驚艷，因為所有案例裡，有男、有女，有老、有少，都在極短的時間內，體重、體脂肪減到標準，包括內臟脂肪，當下我就非常感興趣，決定立刻開始嘗試！

我的減脂作戰計劃就這樣展開了！在二〇一七年九月十一日開始進行科學減脂計畫前，我先去做了抽血、驗尿檢查，二十五天後看第一次的報告，醫生說我有輕微的糖尿病，肝指數也過高，要開始用藥了。我跟醫生說：「我從上次檢查到現在，已經減了十公斤，也沒有任何不舒服的情況，我想先不要用藥，我要重新再檢驗一次。」

果然，第二次報告出爐，所有指數都正常了！最後我只花了短短八十天，減了二十三公斤，內臟脂肪指數從十六減到七。以前爬樓梯會喘，膝蓋不舒服，打呼淺眠的狀況也都消失了！每天一覺到天亮，精神奕奕，真是開心極了！感謝科學減脂，讓我在這麼短的時間內，再度擁有了健康，跟全新的自己，整個人完全脫胎換骨，從頭到腳都變得不一樣。

減脂成功後，我透過學習，加上過去累積的經驗，成為一個能幫助別人找回健康的減脂教練，心情變開朗，人際關係變好，收入也大幅度改善。一切真的很奇妙，過去努力那麼久得不到的結果，這次居然在短短半年時間就做到了。很多人開始好奇，我究竟是怎麼辦到的？其實我只是將自己的經驗分享出去，幫助這些也渴望找回健康的新朋友或老朋友，就只是這麼做而已，不但經濟翻轉，人際關係竟也在無形中越來越豐沛。

早晨醒來再次成為最棒的一件事

感謝這一切改變，因為這次的機會，讓我的家庭關係越來越親密，成為一個擁抱幸福的人。在過去跌倒的那幾年，我就像是在外面闖了禍的孩子，既然闖禍了，在家裡、在太太面前就都乖乖的不敢多嘴，甚至會不自覺看對方的臉色做事。

有三年的時間，出去吃飯、買東西、帶孩子去玩，因為經濟大權不在我身上，連點一道想吃的菜都很有壓力，我變得不敢有意見，一切全都要聽太

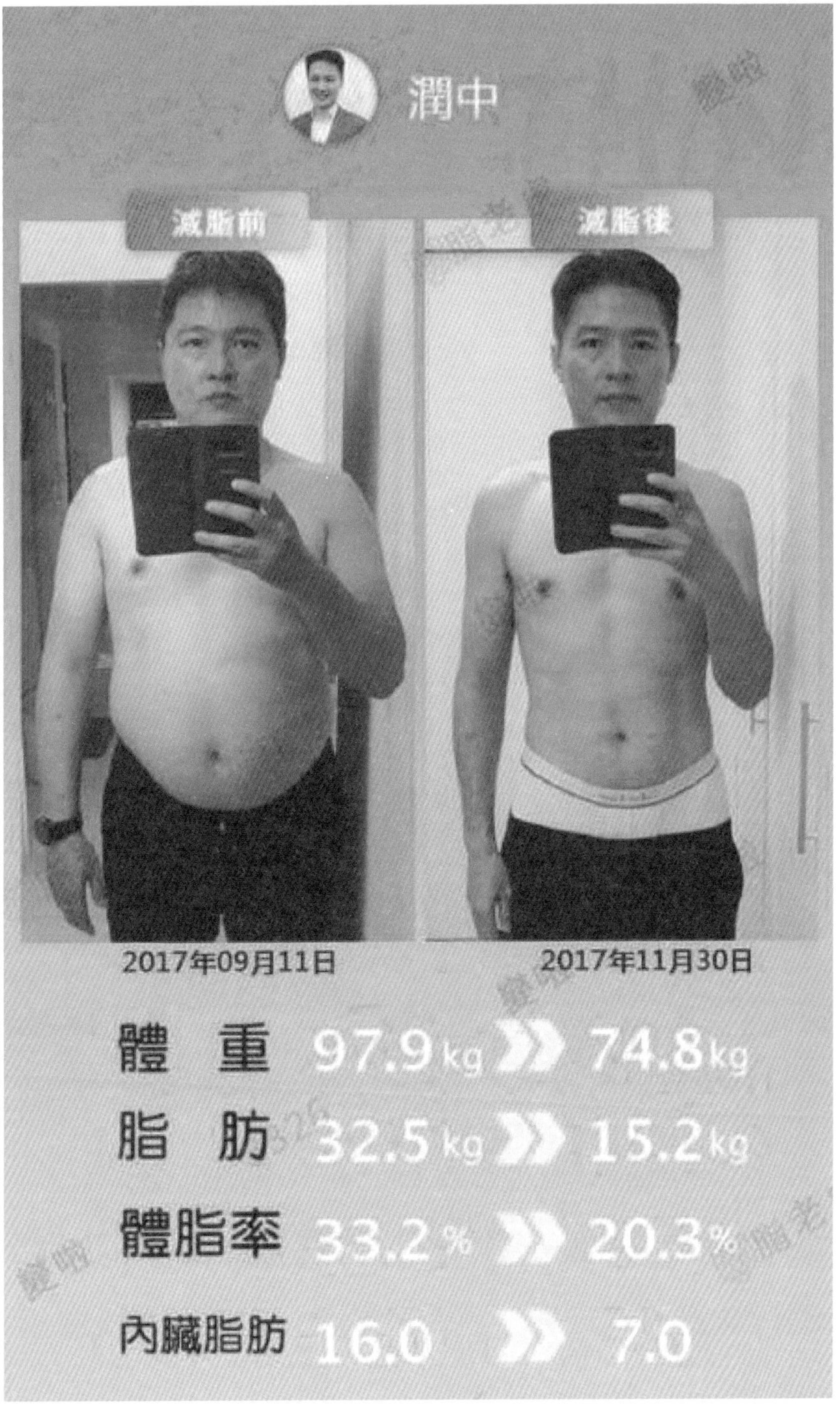
潤中
減脂前
減脂後
2017年09月11日
2017年11月30日
體 重 97.9kg 74.8kg
脂 肪 32.5kg 15.2kg
體脂率 33.2% 20.3%
內臟脂肪 16.0 7.0

太的話。

可是現在，我又有能力重新撐起我們這個家，家裡的開支都由我來負擔，我其實一點都不覺得辛苦，反而很感謝，再次成為一個有能力為家人承擔一切的一家之主。尤其看見太太不必再替我負擔那麼沉重的經濟壓力，而我又可以成為她和兒子的靠山，真的很開心！心中充滿無限感恩，也替自己驕傲，因為我沒讓太太失望，她選到了一支潛力股，雖然曾經經歷過跌停板，但一切總算都雨過天晴了。

也謝謝我的好朋友，告訴我科學減脂的機會，讓我重新掌握到了我和家人的幸福方向。這種重生的喜悅，實在很難用言語來形容，現在回想起那些往事，就像看電影一樣，有高潮、有低谷，所有喜怒哀樂盡在不言中。每天早上從醒來開始，就在鼓勵人、替人加油打氣、陪伴他們，自己的心態也因此變得正面又健康。因為這樣，吸引了更多想變瘦的人主動來認識詢問，連老朋友也好奇我的轉變。

現在的我，人生變得很有盼望，我清楚知道我要去哪裡，而且和一群志同道合的朋友一起努力，這種成就感與使命感，真的很棒！

人生是不斷的選擇，不斷的面對問題，解決問題。重要的是，每個過程學到了多少？明白了多少？進步了多少？是否快樂才是最重要的。名利乃身外物，期許自己成為一個有影響力、能影響他人成為更好的人的領導者。

5000公斤的希望Tips

- 找對瘦身指導的夥伴很重要，和觀念正確、目標一致的人一起行動，才有機會快速、有效的接近成功，實現夢想。
- 肥胖不只帶來外觀上的困擾，更會造成健康的問題；更嚴重的是影響人的信心與自覺，有時候精神憂鬱的問題會和肥胖息息相關、交互影響，因此，把自己瘦下來之後，許多身心健康的問題就不藥而癒了。
- 不要放棄自己，不要吝嗇給自己機會，只要願意嘗試與開始，就永遠都有希望。

彭潤中 Brian 教練說：

「幸福是什麼？對我而言，幸福是每天早晨醒來，再次成為最棒的一件事。我是個曾經想放棄自己，絕望到想從高樓一躍而下的失意之人，經濟壓力造成嚴重的憂鬱症，令我像隻被困住的怪物，不但傷害自己的身心，也傷了愛我的人。但十分幸運的是，我沒有放棄希望，上帝也才沒有放棄我。請相信我，人的盡頭，神的起頭，只要你不放棄，你所有的經歷和遭遇都是養分，最後都會回過頭成為你的助力。」

如何聯繫我

彭潤中 Brian 教練

FB：彭潤中

微信：df3080

LINE：657672

第十二堂課：肥胖與睡眠問題

睡眠與肥胖一直是個熱門話題；最常見的是「睡眠呼吸中止症」，這是一種睡眠呼吸停止的睡眠障礙，指睡眠時呼吸間隔超過十秒以上，打鼾與呼吸暫停交替出現，有時呼吸暫停時間可達到二到三分鐘，每夜發作數次。常見的原因是上呼吸道阻塞，經常以大聲打鼾、身體抽動或手臂甩動結束。

呼吸中止症伴有睡眠缺陷、白天打盹、疲勞，以及心跳過緩或心律失常和腦波圖覺醒狀態。呼吸暫停使睡眠變得很淺且支離破碎，患者不能享有優質睡眠，即使睡足十小時也不能充分休息，從而導致日間精神不足及其它嚴重不良後果。

睡眠呼吸中止症可由多種因素引起，但大多與肥胖有關，百分之六十以上的肥胖患者患有輕重不等的睡眠呼吸中止症。睡眠的時間過少、睡眠品質太差，也會引起肥胖。

有科學研究指出，每天準時睡覺、起床可以有效抑制體重增加；睡眠時間低於六點五小時或高於八點五小時會導致體重增加；睡眠質量的好壞會對體重產生影響。

人生五十大關，健康窈窕破關

我在半導體產業服務，從基層一路慢慢爬升到廠區主任，也就是大家俗稱的「科技新貴」，但是就這樣忙忙碌碌地來到了半百的年紀，驚覺身體健康的重要性。有很多人對高科技產業從業人員的既定印象，就是「燃燒生命換取高薪」、「生活中只有工作沒有娛樂」等等，基本上真實的情況也是八九不離十。

這段與時間賽跑的辛苦歲月，光是用想的都能讓我汗流浹背，有時候也挺佩服自己竟然能夠撐過來。不僅工作壓力大，工時又很長，因此閒暇時候的舒壓活動就顯得更為重要。一直以來我都兢兢業業地帶著夥伴往前衝，不敢有任何懈怠，所以每當好不容易假日來到，我就會放縱自己，帶著家人一起享受美食，藉此排解身心的巨大壓力，我一直以為唯有這麼做，才能帶著愉快的心情再次返回工作崗位。

在這二十年間，我從一個身高一七六公分，意氣風發的科技人，變成身材走樣的胖大叔，體重也從七十公斤飆升到八十六公斤，不過就高科技產業來說，像我這樣付出青春與活力，結果換來一身橫肉的例子相當多，甚至跟我同年齡的朋友、同學們，很多也都有肥胖的問題，所以我其實沒有特別在意，反正只要健健康康，有足夠的體力應付工作就好了。

我想，或許這就是將心力付諸於職場得要付出的代價吧！當然這也是大多數人對於體態回不去的藉口，總是以工作、家庭為由，忙碌在生活反而常忽略了自己的健康與體型。

不管年紀到幾歲，都渴望更好的自己

我與妻子相識至結婚，一起攜手走過許多風風雨雨，她是我心目中的女神，年輕時有亮麗的外表，走入家庭之後也把家人都照顧得很好。然而，可能是婚後生活開始變得穩定平和，所以她也變得鬆懈了，以往四十五公斤的苗條淑女，漸漸變成七十五公斤的大嬸。對我來說她還是一樣好，一樣是女神級的賢內助，但是她卻無法接受自己變胖的事實。

多年來，妻子一直努力想把身上的體重減掉，無論是瘦身操、減肥餐、針灸埋線、拔罐去脂……等等，各式各樣的方法她都試過了，不僅花了大把的時間、金錢與心力進行各種嘗試，甚至還數度影響了全家人的生活品質。太過困難的減肥方式往往很難持續，我在旁看著妻子為減重吃盡苦頭，雖然內心相當支持，但看到她耗了好幾個月只減了幾公斤，一旦放棄卻很快就又復胖，如此跌跌撞撞的過程當然讓我覺得心疼不已。

就我多年來在旁觀察妻子為減重所做的付出，我得到一個重要的結論，就是「忌口」真的很難做到。我想很多人都會把享受美食當作是紓壓的管道，現代人真的很難會餓到營養不良，所以吃東西的主要原因已經從「攝取生活所需的營養」，慢慢轉變成「抒發心底的壓力」。

妻子在減重的時候也是如此，由於每個方法都不是那麼容易，要長久堅持下去更是一大挑戰，所以每當有了些許成績，或是久久無法突破，妻子都會以「大吃一頓」來當作犒賞或激勵自己，結果壓力是消除了沒錯，但是好不容易才剛減掉的幾公斤，很快就又回到了她身上，甚至還回來更多。

基於尊重她的立場，我還是支持她想做的事情，但是我覺得人真的不需要為了外表的五公斤、十公斤，把自己搞得那麼不開心。幸好，我們遇到了正確觀念的減脂方法，讓人生開始有的不一樣的觀念。

我們人的新陳代謝率，會隨著年紀的增長而漸漸降低，這是無可奈何的事情。當然我們可以做很多事情來延緩老化、維持良好的新陳代謝，但是要拿五十歲的身體去跟二十多歲時做比較，那是不可能比得過的。減脂也是如此，一腳踏入「知天命」的年紀之後，就連尋常的有氧運動，做起來都格外辛苦，更遑論要帶來減重效果。

然而，有一次我們夫妻前往台中拜訪Wuna時，真是見證到了奇蹟。她跟我們年紀相仿，而且多年來也都深受肥胖問題所困擾，但是那次在我們按了門鈴之後，出來應門的卻是年輕十歲的她，不僅身形明顯小了一大圈，臉上更是散發出精神奕奕的光彩，當下心裡所感受到的震撼，讓我們兩人久久無法言語。出於好奇心，我們當然纏著她一直問東問西，這才認識到所謂的減脂技術，以及配合教練逐步達成瘦身目標的夢幻計畫。

指標案例，煽動內心的挑戰慾望

看著減脂成功的真實案例就站在我的眼前，對我來說內心只有「佩服」兩個字，不過這樣的情節真的能發生在自己身上嗎？我內心抱持著很大的問號。可是妻子的想法就不一樣了，她認為既然得知了明確的方法，而且好朋友也成功了，當然要來嘗試一番，於是她加入了減脂計畫的行列，並且也希望我一起加入，因為她深信別人可以成功，我們一定也可以辦得到。

一開始我還是像一個旁觀者一樣，只是看著妻子執行減脂的流程，結果

bobo
減脂前
減脂後
2017年08月18日
2017年10月17日
體　重 75.1 kg 60.0 kg
脂　肪 28.8 kg 17.3 kg
體脂率 38.4 % 28.8 %
內臟脂肪 15.0 8.0

看著看著，我也開始漸漸理解減脂計畫的原理，知道減脂才是真正的減肥，依賴藥物或過度運動等等的極端方式，都是不健康，而且非常不理性的。唯有用正確且健康的酶控干擾技術方法，正確減去多餘脂肪，才能達到真正的治本效果。

自從跟著妻子一起參與減脂計畫後，我多少也體會到了過往她在減重時的辛苦。和以往相比，這次少了點擔心、多了點關心。我們慢慢地演變成互相督促、互相鼓勵的關係，除了更有持續下去的動力之外，也培養出難以言喻的革命感情，彷彿是回到年輕時一起打拚的那段歲月。

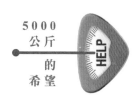

減脂的過程中有人可以同甘共苦真的是很重要，我看到妻子的身形越來越苗條，體重如預期般下降了不少，而且負面情緒與壓力都獲得了抒發，整個人神清氣爽，真的有年輕個十歲的感覺。原來正確地減重，不只外表會產生變化，就連內在心靈也會跟著改變，真是一舉數得。

還記得以前妻子在減重時，都會盡量地避開我，不會跟我多說一些什麼話，後來我才知道，原來她是怕自己一開口就充滿抱怨，影響到我的心情。但是其實儘管她嘴裡不說，臉上的表情以及肢體動作，都能讓人清楚感受到她內心的沉重壓力。

所以，我很高興妻子在教練的引導下，把減脂計畫中所遇到的種種問題都提出來跟我分享，而我也學著把內心的感動，如實地傳達給她。這一次，能與妻子一起執行減脂計畫，我個人覺得最大的收穫反而不是我們兩人找回了年輕時候的身材，而是那種一起達成目標的快樂與滿足。雖然我們彼此都很重視家庭生活，但是過往我們總是像在比賽誰比較忙碌一般，要湊在一起好好談心實在不容易。難得有了這次的契機，讓我們成為減重路上的好夥伴，而且還互相練習把內心的話都講出來，因此對我們來說，額外的收穫真是千金難買。

落實減脂計畫，化身分享大使

當我們夫妻倆一起瘦下來之後，周遭的親朋好友紛紛都主動來問我們怎麼辦到的？我們也非常樂意分享減脂的心路歷程，因為在肥胖率高居全亞洲之冠的台灣，每十人就有將近五人過胖，剷掉身上的肥肉幾乎等於是全民運動，因此我們相信還有很多人正在等著我們傳遞正確且有效的減脂方法。

就我自己的經驗來講，我深刻地了解到減肥並不是自己一個人的事，因此我經常會建議有心想要減肥的朋友「千萬別再孤軍奮戰了」，找一個經驗豐富的教練給予協助，再加上親愛的家人在旁支持，成功率一定會提高許多。

另外還有一個重點是，把身上多餘的肥肉消除掉，雖然最直接的影響是外表會變得好看許多，但是其實更重要的是可以提升我們的健康狀況。根據衛生署的統計數據顯示，有許多慢性疾病都跟肥胖有關，所以可別以為你會是幸運的胖子，展開減脂大作戰才是常保健康的最佳途徑。

當然，要為了減肥改變生活習慣並不是一件容易的事，在我們四處分享的過程中，就遇到過不少「還沒深入了解，就急著替自己找藉口」的人。「沒辦法做到節食」、「沒有時間運動」、「不想要生活過得那麼痛苦」、「不管做什麼都一定會失敗」……等等。在面對懷有這種心態的朋友時，我都會說一句話，那就是：「最困難的事就是下決定，剩下的只是堅持到底。」

事實上也是如此，在你還沒辦法下定決心的時候，心裡一定會有許多紛雜的聲音跑出來干擾，那都會變成阻擋你自己前進的絆腳石，但是只要能夠突破心結，讓自己許下確切的目標並開始動起來，身體自然而然就會給你最好的回饋，要堅持到底真的一點都不困難。

就像我的一個高中同學，他們夫妻倆人看到我們的變化之後，就很想知道我們的方法，尤其是他的太太非常心動，但卻因為太過害羞所以不好意思主動提起，最後就請我的高中同學來詢問。經過一連串的深入了解與訪談，我發現到高中同學的太太不僅內向，而且幾乎足不出戶，與社會脫節太久了，內心也變得十分封閉。因此在正式進入減脂計畫之前，我先引導他們兩人一起投入戶外活動、改變生活作息，然後才慢慢進入減脂的重頭戲，結果雖然花的時間比較長一些，但是看到他們都有了更姣好的身形，且兩人的關係變得更加緊密，就讓我心裡充滿成就感。

從一個需要減重、需要改變的半百大叔，變成可以引導學員正確減脂的教練，坦白說，我的內心除了無比感動之外，更多了一份責無旁貸的使命感。尤其是當學員們完成計畫之後的一句「謝謝教練」，對我來說就是最好的回饋，不管自己做什麼事情，能有人真心的肯定與感謝，我就感到心滿意足了。

其實，想瘦身並不難啊！想做任何的事永遠都不嫌晚，唯有懂得愛自己的人，才有能力去愛你的家人、朋友。所以有志於幫助他人，或是想要擁有好身材的朋友，隨時歡迎來加入我們的行列。

5000公斤的希望Tips

- 正確的減重模式究竟是什麼呢？簡單說，就是一個「正向循環」：透過教練的引導順利達到減重目標↓因為達到目標所以壓力頓時消失無蹤↓沒了壓力就有更多動力投入下個階段的計畫↓持續配合教練、再次達成目標……
- 千萬不要還沒開始就放棄，或者為自己找一堆藉口，拒絕改變。科技減脂計畫沒有想像中困難，心態對了，跨出第一步就很容易。

・不要為了「發洩壓力」而吃，進食，應該是為了補充營養跟維護生理機能；吃進對的食物與正確的分量，才是減脂第一步。

蔡志宏 Makuro 教練說：

「提到五十歲的人生，你有什麼畫面呢？一般人應該會覺得是老了、該退休了、生命開始進入後面的階段了，但是有句話說得好：「人生七十才開始。」年過半百不過也就是個數字罷了，不應該拿來當作阻擋自己前進的藉口，尤其是在減重上頭。我是個五十幾歲的中年男子，我減脂成功了。我可以，當然你也一定做得到！」

如何聯繫我

蔡志宏 Makuro 教練

手機：0958-821-599

WeChat ID：T1206218

第十三堂課：肥胖與婦科疾病

肥胖已被公認是引起許多疾病的重要因素之一。亞洲女性的肥胖多突出表現在腹中部肥胖（蘋果型）。研究表明，女性肥胖者不僅影響形體，有礙觀瞻，而且更容易與以下幾種常見的婦科病結緣。

其一是乳癌。乳癌的發生、發展與雌激素有關。肥胖婦女體內雌激素除卵巢分泌的一部分之外，還可由脂肪組織生成相當可觀的雌激素，雌激素越高越容易患乳癌。積極控制體重有助於預防乳癌發生。

其二是卵巢癌和子宮內膜癌。肥胖已被認為是子宮內膜癌的高危險因素。由於多數肥胖者都可能有高血壓、高血糖、內分泌激素紊亂，其中雌激素是誘發子宮內膜癌的主要因素。更年期婦女肥胖者，罹患這類癌症的機率更高。所以，肥胖女性一旦出現月經紊亂、經期延遲或絕經後陰道異常出血，應及早去醫院檢查。

其三是卵巢機能不全症。下腹、胯部、臀部肥胖的更年期女性，應該警惕是否是生殖腺素荷爾蒙過低引起的肥胖，這種肥胖與卵巢功能衰退有關。女性進入更年期時，卵巢不排卵，並引發功能性月經失調，這時有可能大出血也可能流血不止；如果皮下的脂肪轉化為雌激素還易引起絕經期後延；統稱為「卵巢機能不全症」。出現這類情況，要及時到醫院診治。

其四是不孕症。女性不孕多與月經失調有關。肥胖女性儲存在皮下的脂肪容易刺激子宮內膜，會造成月經不調。同時患有內分泌紊亂、甲狀腺功能低下的肥胖患者也易造成不孕。為防此類不孕，有專家認為，女性最好將體重控制在準體重正負百分之十的範圍內。

追逐夢想

03

沒有極限

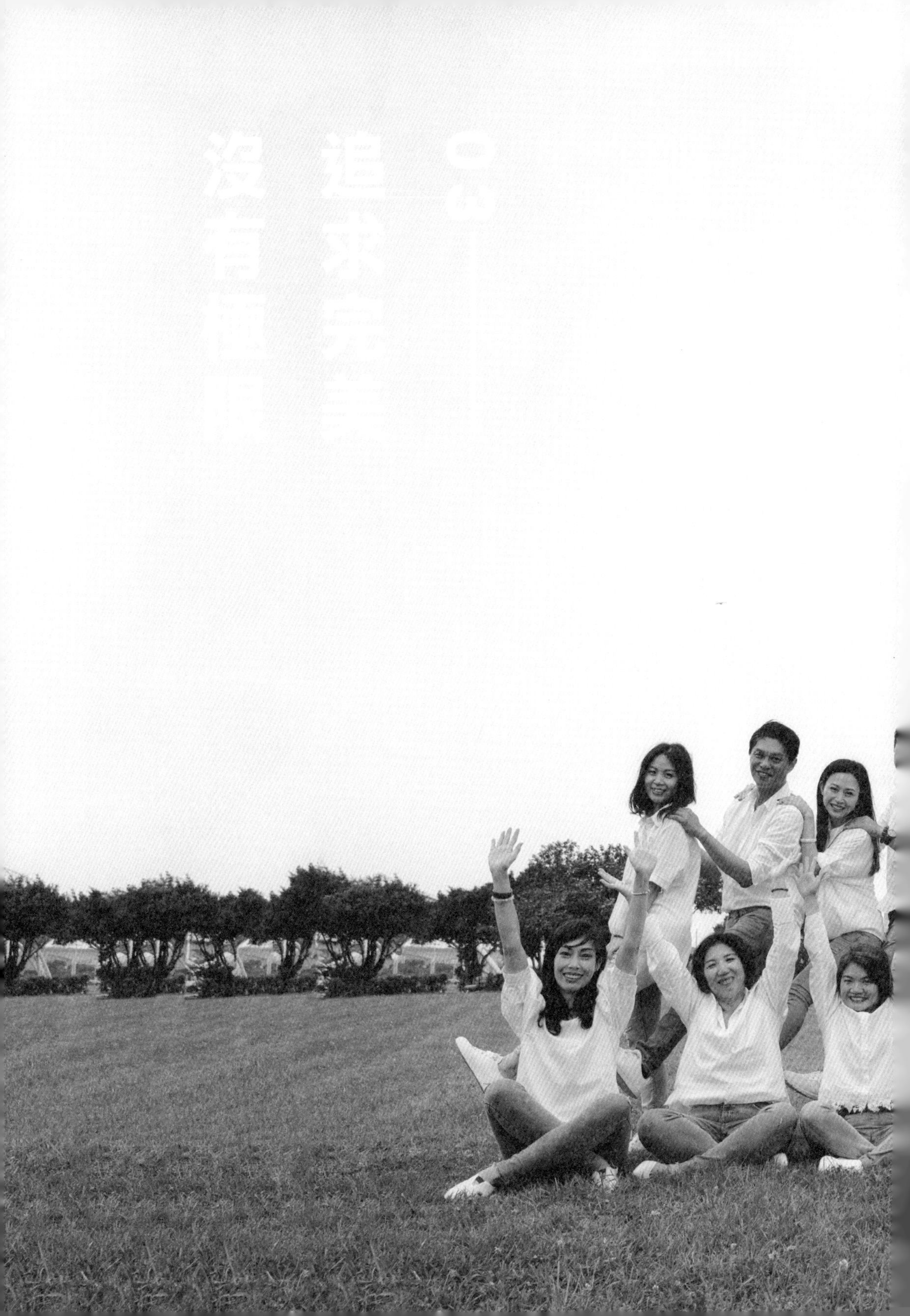

輕盈體態，
生活處處是美學
孫苔芬
Tiffany
教練

現代人的物質生活不虞匱乏，不論是飲食，或是衣著，都能夠得到基本的滿足，但是關於生活美學，我們都還在進步中。讓生活變得更有品質、品味，享受心靈的愉悅，是種美學。當你以良好的體態站出去時，再加上合宜的衣著穿搭，就是種美學。

美學，可說是無所不在，即便我較其他人資深，在美學這塊也不遺餘力；「減脂」亦是種美學，無論你外表保養的多年輕，衣著多高貴、華麗，過高的體脂肪，還是會讓你的體態不佳，為了健康，同時也為了美麗，我投入了減脂一途。

健康，賦予生活最大的美麗影響力

我年輕的時候，是個美容師，對於身材也很注意，是因為上了年紀，人體的新陳代謝逐漸趨緩，脂肪也慢慢堆積，否則，我是個不需要減肥的人呢！我平常的飲食就還滿清淡，也有人說我看起來比實際上還要年輕，事實上，我的身體還是按照我的年齡在走的。

也許有人會說，年紀都這麼大了，還計較這些幹什麼？但是，生活是自己在過的，感受是自己體會的。我喜歡美麗的生活，而身材更是不可或缺的一部份。想像一下，當你每天早上醒來，看到美麗的自己，並過著想要的生活，這不是很棒嗎？

所以，在我知道科技減脂的概念之後，就開始著手進行，更開心的是，進行的過程中，我的氣色很不錯，身體也沒有不適感。耳順之年的我體重原本是五十二點九公斤，體脂率是百分之二十八，脂肪是十四點八公斤，開始吃減脂餅乾，並且聽取線上減脂教練的建議後，短短的二十天，我的體重就降到四十九點一公斤！體脂率是百分之二十五點一！體脂肪降至十二點三公斤！而且減脂過程中，我幾乎每天都有飯局、聚餐，還能夠有這麼棒的效果，是很令人驚喜的！

人免不了有些交際，免不了參加些聚會，要出席的時候，總是會打扮一下，可是一個不注重自己體態的人，就算他穿的再漂亮、髮型變化再多，從身體上還是看得出來他已經上了年紀。為了讓自己維持在良好的狀態，我一定要減脂。

很多人都長得很美麗、帥氣，即便他們肥胖，也可以從輪廓中發現，他們長得非常好看，但卻因為肥胖而變形，真的很可惜。不願意挖掘自己的魅力還是其次，因為肥胖所帶來的疾病，而導致影響身體健康，這才是生活當中最可怕的事情。

減脂，不要減掉自己的健康

在我了解科技減脂計畫後，我發現很多人身體的脂肪量其實都蠻高的，看到有些肥胖的人，如果覺得自己比別人胖，他的心情就不太好，相對的，情緒也就比較不穩定，如果過度肥胖，這個人就會自卑。

我身邊就有一些例子，像我認識一位七十三年次的男孩子，他說肥胖已經困擾他兩年了，他想要瘦下來，也有在運動，卻怎麼樣都瘦不下來！在運用我們的方式後，他從原本的八十幾公斤，降到七十公斤，他原本睡覺會打呼的症狀，也改善很多！而另外一對夫妻，也因為過胖想要減肥，我們一起減脂之後，他們的健康提升很多，夫妻倆都很開心！

很多人常常覺得，他沒有辦法不吃美食，但是，我更相信全世界的人，沒有一個人，是不希望自己的體態不美麗的，而我自己的家人，包括我先生，也跟著我一起減。人年紀大了，有些毛病就會跑出來，我最希望的，就是他健康後，可以不用再吃慢性藥。

其實我們仔細深究，就會發現，當我們一直在說減重、減肥，事實上，就是在追求健康。當你有了專業的體脂管理團隊，協助你一起往健康的路上走，會更有信心。一個二十歲的人，跟一個六十歲的人減重，就有差別。像年輕人的代謝就比較快，同樣的方式，他們可能很快就可以減下來，我雖然代謝不如他們，但我也覺得我算是快的了。

再來討論性別，男生跟女生也有差異，像女性因為生理期、荷爾蒙等因素，在減脂這部份，就不會跟男生用同樣的方式。人，是獨立的個體，每天都吃著不同的食物，所以我們的方式，雖然有團體一起進行減脂，也有透過一對一的方式來進行協助。

我希望所有想減脂的人，都是透過健康的方式來減。坊間有很多不管是傳直銷食品，或是健康產品，都有提到減重這一塊，但我發現很多使用產品的人，並沒有恆心，也沒有教練指導，很多人到了後期，還是會復胖。還有很多的美容中心，當下做完療程，體重確實是減輕了些，但沒兩天，就會發現又回到之前的體重了。也有些人因為不敢吃東西，瘦得很難看，而去找醫生減的人，更是大有人在。有些人也許瘦了，但氣色很差，精神也不好，用不正確的方式減脂，可能連健康也減掉了。

不管是身形豐腴，或是真正肥胖的人，都希望大家在減的過程當中，是健康的減重，而不是賠了自己的健康。如果這些人遇到我，我也願意把我自己的心路歷程及經驗，跟大家一起分享。

勻稱的體態及平衡的生活

我是個喜歡美學的人，在減脂的過程中，除了我的體重、體脂，直線下降，在營養均衡的狀況下，我也發現我的氣色良好，沒有任何的不適感，這正是我對生活的追求。美學，並不是膚淺的視覺，或是物質上的感官享受，而是身心靈都能滿足而愉悅。

像我這種想要將美學落實在生活，注意自己體態的人，可想而知，我平常對吃也是非常注重，飲食也很清淡。像我在吃生菜沙拉時，我也不放調味醬，在食量方面，我也不會讓自己吃得很撐，什麼可以吃、什麼要忌口，我都會很注意。

但，即便我這麼注重飲食，脂肪還是會上升，最主要的原因，就是因為我的年紀到了一定歲數，整個人的新陳代謝是往下降的，代謝不好的話，就算吃得再健康、再清淡，體脂肪還是一樣高。

之前，我以為要提升新陳代謝，只能靠運動，但運動要有恆心，而且要正確，不正確的運動，反而會造成身體的傷害。而自從開始接觸科技減脂後，我的代謝越來越好，在減脂的過程，體態也變得勻稱，這對愛美的人來說，是個很大的收獲。困擾我許久的脂肪，終於漸漸消失，而且身體、作息，也往美好的方向前進，我也不用再去找什麼保養品，氣色也改善了很多，還能夠回復到年輕的體態，這是最棒的。

試想看看，當你每天站在鏡子前，或是走在路上，看到櫥窗裡，反射出來的自己，怎麼樣才會讓自己想多看自己一眼？當你有良好的體態時，你就會愛上自己、愛上生活，愛上這個世界。以前的我，水量喝得不多，時常尿道感染，隨著水份自然的大量攝取，現在我一天會喝上兩千到兩千五百西西，體況已經大幅改善，再者，睡眠品質也提升了。

飲食算清淡的我，其實也是美食主義者，跟朋友聚餐，也會大口享受著美食，不過，我發現這些佳餚，現在已經自然而然減少了，並不是我排斥它們，而是我發現我對於吃的，已經沒有那麼重視了。當你減重下來，並對健康越來越了解，就不會一直想吃高熱量的食物，那是身體很自然的反應，並不是刻意限制自己。

減脂，不是年輕人的專利

我看到有些年紀稍長的人，對於自己的外表沒有那麼重視。雖說隨著時間的流逝，有人成長、有人衰老，但一個人對於生活的態度，則跟年紀沒有關係。年紀大的人，也值得過上好生活。我所謂的好生活，不是說要天天吃大餐，或是穿上華麗的衣服，而是當美好的事物迎來時，他不會退縮、轉頭放棄，認為那只是年輕人的專利。

「相信自己值得擁有美好，重新拾回對生活的態度，跟年紀無關。」

有些身邊的朋友，願意為了自己的健康而減脂，只要方法是正確的，而且身體健康，讓自己的脂肪維持在標準值，是自己對自己的義務。減脂成功

之後，我覺得我整個人是很輕盈的，不會有沉重的感覺，每天都覺得自己很有能量、活力，而且，這是我用自己的力量去做到的。

今天一個人不管年輕，或是年老，都能夠去做一件事，當你決定去做了、並挑戰成功了，這就是給自己最棒的收穫，不是別人給你的。年長者，難免會排斥學習新事物，我則認為，一件新事物，要透過了解，你才能選擇把握它，或是放棄它。在減脂這塊，我也先跟教練討論過，包括產品，我也去研究過，學習之後，我選擇了接受。

我很樂意跟其他人分享我的經驗，把我所知道的，告訴別人，如果對方不接受，也沒關係，畢竟，人與人之間的緣分不盡然相同。現在的人很注重健康，我覺得願意聆聽的人，還是比不願意的多，人人都想更好，但沒有人不想減脂，只是他們還沒有找對方法。

5000公斤的希望Tips

．多喝水，是一個良好的習慣；早點睡覺，調整生理時鐘。

．在教練指導的減脂過程中，偶爾吃一些高熱量的食物，也不要太在意，因為你開心，心情的愉悅也有助於減脂。再說，減脂不是一天、兩天的事情，不要為了一餐的放鬆而懊惱。

．留意自己的飲食偏好，當人開始走向健康，身體自然而然也會選擇較天然的食物。

孫苔芬 Tiffany 教練說：

「邀請你跟我一起體驗輕盈，展現身體的美學！當你的身體健康，就會覺得很輕盈，心情也會覺得比較好，然後，你就會覺得自己的運氣，好像也變得比較好了，這些都有連帶關係。人活在世上，難免會遇到來自四面八方、大大小小的問題，每個人都會有這些狀況，我們難免會因為這些事情而憂鬱，情緒也會跟著隨之起伏，可是，這不代表天天都是如此，減脂之後，我覺得負面情緒越來越少，生活，也不斷朝向「美」的方向前進。」

如何聯繫我

孫苔芬 Tiffany 教練

FB：
Tiffany Sun（生活美學）

微信：
wxid_jdswkxxbgmg222

LINE：
0931940011

Mail：
387Tiffany@gmail.com

第十四堂課：生長發育期肥胖對性格的影響

肥胖兒童壓力大

肥胖不但會對人體產生各種影響，而且會對人的心理造成許多不良影響。

肥胖兒童易自卑與自閉

肥胖除了會帶來心理上的不良影響外，還會帶來性格上的不良影響。之所以會產生自卑，是因為肥胖會使兒童遭到周圍人的取笑和嘲弄，造成內心痛苦等各種心理壓力。

肥胖對性發育的影響

肥胖影響性器官生長發育的原理分析：生殖器發育不良的人群中，過半是肥胖者。內分泌紊亂而導致睪丸和陰莖海綿體發育不良，出現陰莖短小、肥胖男孩女性化等症狀。

性早熟與畸形

應該承認，性早熟是一種病。而科學家認為，性早熟發生的原因非常複雜，一般認為是遺傳因素與生活環境因素相互作用的結果。飲食結構不合理、營養搭配失衡等都可能提早啟動第二性徵的發育。

性早熟和肥胖是兩個不能分開的問題。肥胖是性早熟的重要原因。

跨過「幸福肥」的危機 才是真幸福

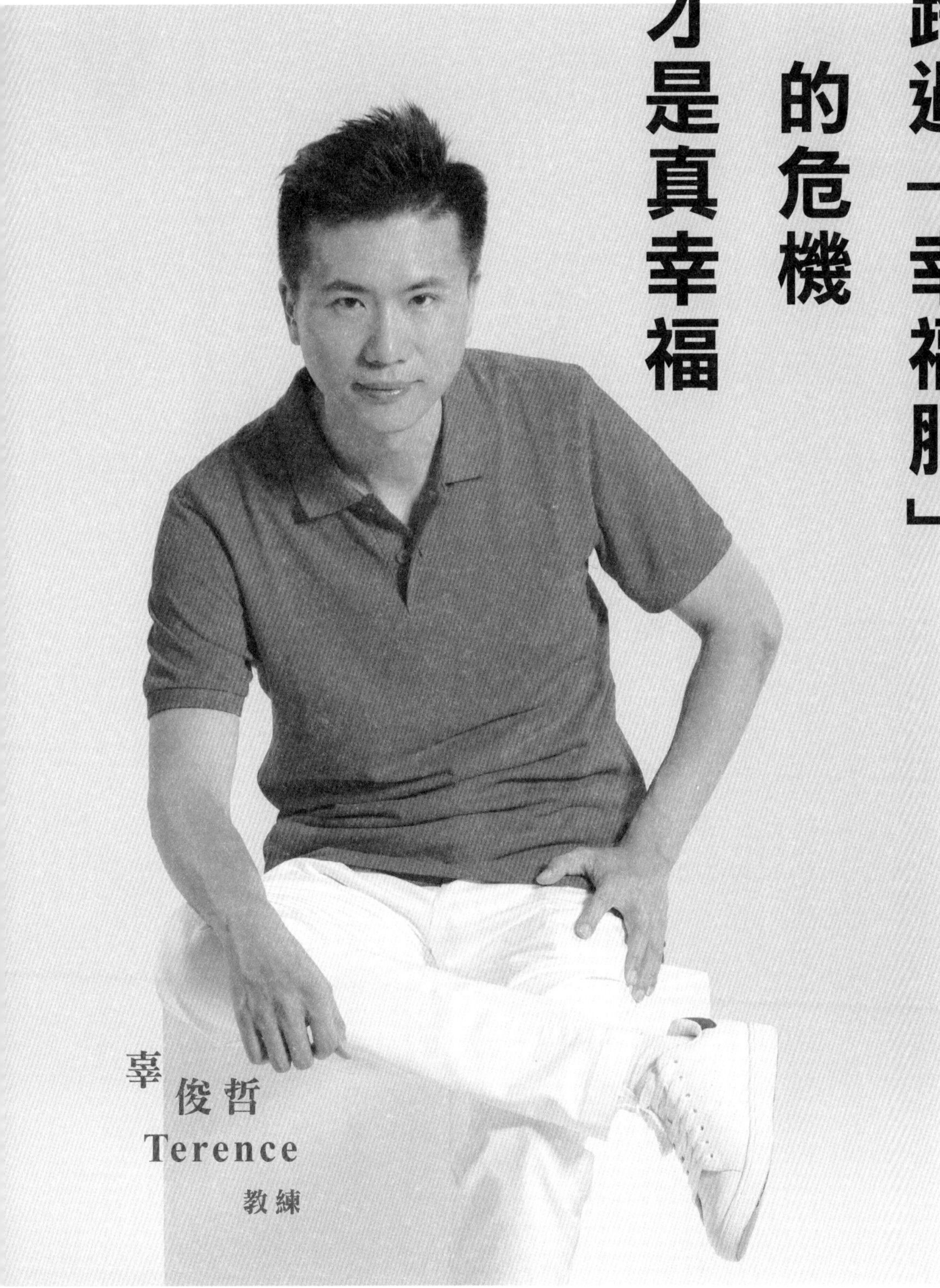

辜俊哲 Terence 教練

我會認真減脂，其實源於健康檢查時醫生的一句話，而會減脂成功，更因為遇見了「減脂計畫」的教練，讓我的人生得以逆轉。對我來說，改變很重要。因為我真的不想因為病痛打擾了我幸福的時光。

如同大多數人一樣，我有個幸福美滿的家庭，而自己也為了賢淑美麗的太太及兩個可愛孩子一直努力工作！有時較晚下班，也會想要犒賞自己的辛勞，吃些宵夜以抹去一天的疲憊；與家人吃飯時，我也常會準備豐盛的菜餚來確保他們能吃的開心及飽足。雖然總是叮嚀他們要多吃點，但孩子的胃有時很難捉摸，可能當他們說吃飽時，食物往往還剩下很多。

結果這些剩菜剩飯就在我不願浪費的心態下通通進了自己的五臟廟，因此常被太太笑是「常備廚餘桶」。也因為這樣的心態，我多年來總扮演著稱職的廚餘桶，太太三番兩次阻擋，要我別勉強自己吃下過量的食物，然而我總是一句「不吃太浪費」，就把她的關心與擔憂拋到腦後。

自己的身材，也在不忌口的狀態下，從尚稱標準的體格，逐漸往橫向發展。漸漸的，褲子越買越大件，衣服越買越寬鬆，體重也不知不覺間胖了十幾公斤，但自己還在安慰自己，這樣的體態才叫成熟穩重。這樣的胖，叫做

「幸福肥」。

我如此的不以為意，在多年之後，果真透過身體來向我討債。

健康警鐘敲醒我的幸福夢

公司一直都有提供健康檢查的福利，每一次的健康檢查，總是會看到某幾項數據維持紅字，也會在備註欄處看到有脂肪肝，建議要注意飲食，保持運動，但都市人誰沒有脂肪肝呢？久而久之也就不以為意，直到最近的一次，在檢查完腹部超音波後，醫生語重心長地囑咐我：「你不但有脂肪肝，還有脂肪胰臟，如果再不多照顧自己，到時候身體一定會壞掉，你的人生就真的黑白了！」

這一句話重重地點醒了我這個夢中人，也是那時候我才了解到原來肥胖的脂肪可分成皮下脂肪和內臟脂肪，而過多的內臟脂肪囤積，容易引發各種心血管疾病，甚至可能導致血管阻塞，造成器官硬化、喪失功能。肥胖影響的可不只是外觀好不好看，病痛上門的關鍵之一也是肥胖。

我以為的「幸福肥」根本一點都不幸福，而且還很危險！

在聽了醫生的警告之後，我立刻想到自己摯愛的家人，雖然僅因如此就讓自己感嘆起生離死別是有些誇張，但就像醫生所說的，如果我不懂得改變自己，那麼許多令我害怕的事情恐怕都會接踵而來。我愛我的家人，更希望自己在這條人生道路上盡可能地陪家人久一點，因此在慎重思考過後，我決定想辦法減掉體內過多的內臟脂肪，縱使我對於內臟脂肪還是一知半解，而且沒有實際瘦身的經驗，但我還是得踏出第一步。

考慮後，我自己採取最常聽到「少吃多運動」的方法，結果沒吃又大量運動後的結果就是耐不住餓，最後又跑去大吃反而把體重推向了新高。就在灰心之餘，剛好發現太太好友的先生潤中瘦身非常成功，短短的時間內就像換了一個人似的，身材變好了、精神狀態也大幅提升，感覺好像自然散發出光芒。於是我趕緊把握機會，透過太太向潤中詢問減重的方法。

當時我得到的答案，就是「減脂計畫」！

起初我對於這個計畫的方法感到半信半疑，雖然網路上可以找到不少類似的方法與案例，但是正面的案例並沒有增加我的信任，負面的案例反而增加了我的擔憂，這使得我躑躅不前、保持觀望。為了深入了解，我前後主動參與了多次的聚會，並藉機觀察所有「減脂計畫」的施行者，看看大家有沒有精神不濟、氣色不佳，或其他網路上所提到的副作用。

儘管幾次的聚會下來我都沒有發現任何異狀，但我還是無法下定決心投入，直到看到網路上的一句話：「如果你連認識的人都不相信他的親身經歷，那為何又要相信不認識的外人所說的隻字片語？」才讓我茅塞頓開、拋下成見。的確，潤中又不是在我肥胖後突然找上門推銷的陌生人，而且又是擺在眼前的成功實例，再者，這也不是什麼理財投資，而是關乎自己的健康，實在無須用猜忌的態度三番兩次地阻擋自己的改變契機。

我想著自己的初衷，想著我愛的家人，最後終於踏上正確的道路，展開為期兩個月的「減脂計畫」！

聆聽身體的訊息，為全家的幸福而戰

減脂計畫已經有非常多人證實有效，而且過程中還有專業的教練會一路在旁陪伴，所以雖然過程中需要嚴格遵守飲食上的規定，還得視進度調整自己的生活作息，並時時回報目前的身體狀況，但卻絕對不是什麼令人感到痛苦的修練歷程，一切都只是我的庸人自擾。當然，努力付出並不見得能與有所收穫畫上等號，在減脂的時候我也曾經落入成果不如預期的窘境，但是因為相信方向是正確的，所以我深知成功只是早晚的問題而已。想著自己的家人，想著恢復標準身材的自己，我的動力便源源不絕地湧出。

兩個月的時間很快就過去了，我順利達成目標，體重降到七十公斤，也就是回到年輕時的標準體重，同時更重要的是，我從教練的引導中學會如何從身體的反應中得知自己的細部狀況，甚至還懂得更進一步對應狀況去調整飲食作息。

這段歷程就像是一場奇幻之旅，透過自我身體的探索，在達到了目的之餘還開了不少眼界，也讓我知道該如何選擇平時攝取的食物，讓自己吃得健康。

沒錯，胖是吃出來的，瘦當然也是吃出來的！

以前的我對於飲食實在沒什麼概念，也不知道自己的身體需要什麼，就只是餓了就吃，想到就吃，從來也沒注意過自己到底吃了些什麼。現在的我不但知道自己該如何平衡營養攝取，就算面對美食或大餐，也能透過減少前

後幾餐肉類和油脂的攝取以達到平衡。身體是有記憶的，並不會因為一餐的大魚大肉就發福，也不會因為一餐少吃便整身瘦下；體重的改變有賴於正確的飲食習慣，我覺得這是我在減去內臟脂肪之外，額外的最大收穫。

對於我的改變，家人都很開心。以前回到家後，看到餐桌上有些沒吃完的食物，想要順勢塞入口都會被妻子警告，現在我自己反而對這樣的行為非常克制。而孩子的可愛之處則可以從一些拍照時的小動作看出來，從前和他們一起拍照時，他們有時會淘氣的為我遮掩，現在已經完全沒有這些動作，看得出來爸爸瘦了，他們也感到很開心。

瘦下來的體態當然是好看多了，但我更在意的是身體是否已經恢復健康。再次接受了健康檢查後，原本被厚厚的內臟脂肪包覆的臟器，都已經回到健康的狀態，就連醫生也開心地恭喜我，直到那一刻，我才真正意識到，只有將自己好好照顧好，才是對家人最大的負責，我真的感受到：「瘦下來真好！」

推己及人，幫助更多人走出肥胖深淵

就像我前面所提到的，自己因為錯誤的飲食習慣而造成身體很大的負擔。我知道像我這樣的人一定還有很多，因此我非常希望能用我自己的成功案例，來幫助更多人找到正確的方式順利減脂、找回健康！我身旁有不少親朋好友在看到我的改變之後，紛紛前來詢問，那讓我了解到原來自己的改變就是最好的活招牌，看到我的改變，會讓想要參與減脂計畫的人更有信心。

其中有兩位值得敘述：第一個是我的表姊瓊惠，在我決定加入減脂計畫之後，她也展現出濃厚的興趣。尤其在我開始瘦下時，便主動向我詢問細節，表示自己也有意願參與減脂計畫。在我回憶中，我的表姊一直都很瘦，應該不是那種會有肥胖問題的人。但後來才發現，原來她一直有體重上的問題，多年以來也一直嘗試各種方法甩掉贅肉，但體重機上的數字永遠上上下下，無法真正達到應有的標準，結果在她跟著加入後，也成功減掉超過十公斤以上的脂肪。

另一個是我的同事錦恩，在看見我瘦下後的體態，便毅然而然加入，相較於她對我的信任，我對自己一開始所抱持的狐疑態度實在有些羞愧，而她也順利達到她想要的目標．現在的她有著很好的體態，走出去也往往是眾人的焦點，這更讓我覺得：唯有減脂才是真減肥；唯有真實，才有力量。

看著親友因為我的關係而加入，也成功的瘦了下來，那種感覺真的很不一樣，幫助他人所帶來的成就及喜悅遠比自己瘦下時還高。有了幾個成功案例後，我更希望自己能幫助更多人加入減脂計畫，成功擺脱健康上的問題。

身為過來人，我能夠理解每個人都有自己的擔憂與顧忌，也知道如何化解猶豫與不確定感。我相信每個人都有一股動力，只是當事者並不一定知道自己的動力源在哪裡。只要透過適當引導，每個人都一定能找到自己的動力源。減脂教練其實就是可以給予需要的人，更多專業知識建議與幫助。

我很喜愛一部電影《讓愛傳出去（Pay It Forward）》，電影中的小男孩，因為老師的一份作業「改變世界的方法」而想出了「讓愛傳出去」的計畫。他相信人性本善，若自己能夠幫助三個人而不要求回報，並請這三個人也能以不求回報的態度再去幫助三個人，乍看之下這樣的作為對於世界影響不大，但其實這種正向改變一直在持續著，或許有一天，這種改變也會回饋到自己身上。

我喜歡這樣的想法，不要因為改變微小而認為不可能，有些事情就只要「做就對了」。因此，我非常樂於與他人分享自己的減重心得，由於我希望每個人都能夠開開心心地獲得自己滿意的答案，更期待每一位我所幫助過的學員，都能順利達到自己的目標，在減脂同時獲得健康與自信。

5000公斤的希望Tips

- 有覺悟才有決心；人往往安逸於現狀，受限於大腦所設立的框架，就算有了突破的機會，也常常會因害怕改變，無法踏出那關鍵性的第一步。做好改變的決心、跨出第一步，真的沒有想像中困難！
- 除了覺悟之外，衝勁也是十分重要！我們都很容易在時間的流逝中逐漸失去熱忱和動力，忘了自己原本的初衷，時時刻刻提醒自己「莫忘初衷」是持續堅持的一大重要基礎。

・自己一個人孤軍奮鬥要維持衝勁並不容易，在兩個月的減脂計畫中，因為有同樣狀況的減友一起參與訓練，大家目標相同，並且一路互相鼓勵、互相扶持，這也是我堅持下來的重要關鍵。

辜俊哲 Terence 教練說：

「常常有人問我，讓我堅持瘦身減脂的動力到底是什麼？說真的，我的動力來自於對家人的愛，尤其是對兩個孩子的重視。在目睹幾位長輩及友人因為經歷意外或疾病，導致一蹶不振、臥病不起，不但自身受苦，也拖累了家人，讓我知道那絕不是我想要的人生。我希望自己的身體狀況不只是平時過得去的程度，而是有本錢承受意外和病痛，並有餘力從中康復。讓我們一起為了家人，找回自己的健康！」

如何聯繫我

辜俊哲 Terence 教練

微信帳號：kue181

Line 帳號：kue181

FB 帳號：Terence ku

第十五堂課：節食的影響

肥胖是熱量過剩營養不良，所以節食減肥營養素攝入不多，越減越肥。因此，減肥要補營養而不是減營養。

不吃肉和主食，只吃蔬果，短期減重有效，但不能減脂肪，長期下去危險多多。人類的身體非常聰明，能夠應付多種不同的狀況：它會在食物充足時儲存能量，而在飢餓時消耗儲存的能量——當你在節食時，你的身體會以為飢荒到來了，這時它就會盡可能的節約能量，把新陳代謝降下來。

實際情況是，如果過度控制進食量，你吃得很少，體重是會減輕，但減少的更多的是肌肉，而不是脂肪。因為脂肪和碳水化合物的燃燒都需要酶和輔酶的催化，而酶和輔酶都需要從食物中獲取，節食無法讓身體獲得足夠的酶和輔酶。因此你不會堅持太久，強烈的飢餓感和食慾會逐漸超過你減肥的決心。到那一刻，你又開始原來的飲食習慣，或者是自認為瘦身計畫已經成功而犒勞自己，導致體重迅速復原，甚至超過原來的重量。

正常來說，當碳水化合物接近耗竭了，接著消耗脂肪，脂肪沒了才會消耗蛋白質。但唯一一種物質在應急狀況下可實現無酶催化，這種物質就是蛋白質，沒有酶脂肪肯定不分解，這時就變成蛋白質被分解了，因為它不需要酶。

節食以後，在攝入營養不足時，由於身體缺乏分解脂肪相應的輔酶，造成肌肉裡的蛋白質優先於脂肪被分解；而肌肉比率降低，又會造成基礎代謝率下降，之後只要恢復到正常進食，就很容易快速反彈發胖。所以說節食減肥越減越肥。

而更嚴重的是，蛋白質的無酶催化是人類自我保護一個最重要的機制，當身體處於危險環境時，身體裡的蛋白質開始分解，包括心臟、肝臟、腎臟這些蛋白質組成的組織也有可能被分解，而這些器官組織的蛋白質分解是不可逆的，不管你以後吃多少蛋白質都補不回來。

知道了這麼多，你還會節食減肥嗎？那對你是永久的傷害，所以，要制止那些自我傷害。

趕走
內心的刺蝟，
擁抱愛與自信
謝艾均
Ashley
教練

我想，如果有人針對生過孩子的媽媽們進行市場調查，詢問生孩子最讓你感到討厭的一件事是什麼，應該有很多媽媽會回答「發胖」，包括我在內。懷胎十月、孕育下一代，這是非常美好的事情，看著孩子的笑臉，以及每天都在長大的小小身軀，任何痛苦與煩惱都會被拋到九霄雲外，每個媽媽都是這樣的。

但是，懷孕期間所增加的體重，生完之後卻絲毫不見削減，這一點可就沒辦法視而不見了。

每次在電視上看到剛生完孩子沒多久的女明星們，短短的十天半個月就恢復到以往的姣好身材，總是讓我深感好奇，為什麼她們可以辦得到呢？而我怎麼做什麼都沒用？這是常占據我心中的一大疑惑。

想當初在懷第一胎時，因為沒有經驗且一心只想對孩子還有自己好一點，所以幾乎都沒有在忌口，生活也過得相當放鬆愜意，直到臨盆時我站上磅秤，看到數字顯示出令人難以想像的八十，我才驚覺到事情的嚴重性，因為我可是整整胖了二十公斤啊！產後即使我努力了老半天，也無法將體重拉回懷孕前的水準。

結果就在我煩惱著身上多出來的肥肉，四處探訪尋找減肥妙方時，意外的禮物又再次降臨，我懷了第二胎，而且這次還是意外的雙喜臨門雙胞胎。

有了上一胎的經驗，這次我不敢再放縱自己重蹈覆轍，在長達十個月的堅持與努力下，終於將自己的體重控制在八十公斤左右，產後也如期降至六十八公斤。不過，原本懷孕前身材算適中的我，生了兩胎三娃之後，整個人可是圓了一大圈，而且生完之後我再也不能拿懷孕當藉口，必須要直接面對周遭親朋好友的眼光，這讓我感到畏懼、感到自卑，其中最明顯的改變，就是一向愛拍照的我，開始害怕面對鏡頭，每當拍照時總要躲到最旁邊，並且用盡方法遮遮掩掩，深怕身上的贅肉被拍了進去。每每看著照片中的自己，沒有喜悅，反而是更深的自卑。

自卑的心結，讓我變成武裝自己的刺蝟

變胖的影響可不只有這樣，其他像是變得不愛參加任何聚餐或聚會活動、不太愛跟同事講話互動，甚至連跟老公相處也格外小心，就怕一個不小心聽到他嘲諷嫌棄我的身材，引起心中的不愉快。回想起那段日子，我可以

說過得非常不快樂，覺得自己的感情完全被肥胖所綁架。整天除了想著如何減肥之外，腦中根本裝不下任何其他事，別說是專心工作了，就連與人相處時都難以維持應有的專注，總覺得大家會注意到我的身材。

坦白說，我知道自己完全都只活在自己的世界裡，一切都是自己在為難自己罷了，身旁的人從來沒有給過我異樣的眼光，朋友們討論到我變胖這件事，大多都只是無心提及，甚至是因為關心我，但我卻像個刺蝟一樣，暗自在意的不得了。而老公也不曾因為我身材變形而有任何埋怨，可是我卻沒辦法放過自己，硬是要把自己推向痛苦深淵，怎知心情越是陰暗，身材就變得越胖。

基本上，孕婦變胖是必經過程，差別只有在於增加的公斤數多寡而已。一般來說，職業婦女產後若是重返工作崗位，要在公司、小孩以及家庭之間蠟燭三頭燒，時間根本就不夠用了，哪還有什麼餘力去甩肉？

所有的減肥要點我都非常清楚，但是要做到真的很困難，像是三餐要定時，並盡量降低熱量的攝取，這誰都知道呀！可是我都只能在時間的縫隙中自己趕快三兩口填飽肚子，根本難以顧及自己吃了些什麼……還有要保持運動習慣，這我也明白，然而每天追著孩子跑的體力活，難道消耗的體力還不夠多嗎？

一路以來，我都渴望能找到適合自己的減肥方法，期待能夠透過身材的改變來找回原本的自信。後來很幸運地，我得知好友 Panny 的老公在她的瘦身計畫下瘦了近二十公斤，讓我燃起了無限的希望。我立刻邀請 Panny 來擔任我的教練，開始投入她所介紹的減脂計畫。

好姊妹力挺，戰勝肥胖心魔

Panny 是我的好姐妹，我們很熟悉彼此的個性，也都清楚對方的所有事情，就是因為這樣，所以她特別懂得如何幫我排解疑慮、增強動力。對我來說，以前那種大吃大喝、百無禁忌的時光，真的會讓人想中途放棄，但是只要一想到肥胖所帶來的不方便，以及內心深處的那些魔鬼的聲音，就讓那種不甘心的感覺湧上心頭。

沒錯！我真正想要的，就是戰勝自己的心魔，而深懂我心的 Panny 也抓緊了這一點，在減脂的過程中時時關心著我，給我許多專業的建議，同時更經常抽空聆聽我的感受，適時引導我，讓我能順利將令人窒息的壓力，轉化為堅持下去的動力。

其實從小時候開始，我就是一個很有主見的人，尤其是高中階段，經常擔任重要的角色，也站在第一線主導過許多大大小小的活動，那時候的我，每天都過得好快樂、好有自信。然而離開校園真正投入職場之後，我卻成為一個無法發光發亮的人，長達十年都在無塵室裡做著千篇一律的工作，高中時那個亮眼的女孩早已經不見蹤影。

看著自己身上一圈又一圈的肥肉，我漸漸懷念起高中時苗條且充滿自信的自己。為什麼我要任憑自己安於現狀？為什麼我不願意拉自己一把，讓自己活出該有的樣子？想著想著我就開始感到熱血沸騰，或許減肥對其他人來說只是改變身材的一種手段，但對我來說卻是改變人生的起點。如果我能令人刮目相看、讓人嘆為觀止，那我未來也一定能有不同的人生！

當時我就想著，一定要找回原本高中的那個我，這就是我最大的一個動力！

對於我參與減脂計畫一事，周遭其實並沒有太多的人看好，就連我老公

艾均

減脂前

2018年01月15日

減脂後

2018年04月27日

	減脂前		減脂後
體　重	66.4 kg	»	46.6 kg
脂　肪	29.3 kg	»	11.1 kg
體脂率	44.2 %	»	23.8 %
內臟脂肪	19.0	»	5.0

也是抱持著懷疑的態度，還三番兩次問我要不要多了解、多比較之後再做決定。但最後老公還是選擇尊重我並支持我，讓我能放心地照著自己的想法去做各種嘗試。

那時候因為減脂計畫會影響母乳的分泌，所以一旦施行就得讓雙胞胎斷奶，然而老公也沒有多說一句，完全讓我自己決定，這一點真的讓我備感窩心。與 Panny 教練討論好之後，我便開始了為期三個月的減脂計畫。起初，飲食的調整是最難配合的部分，尤其是碰上體重沒有明顯下降的時候，那種焦慮和不確定感，難免會讓人垂頭喪氣。

望著磅秤上沒有太大變化的數字，我只能持續給自己打氣，我想，既然肥胖是自己吃出來的，那瘦下來就是一種對自己認真負責的態度！慢慢地，調整飲食與作息開始有了初步成果，體重也開始明顯下降，這讓我喜出望外，長久以來的陰霾與壓力也都一掃而空。直到那時候我才深刻了解到，在我身上產生變化的，不只是一塊塊的肥肉而已，還有處理負面情緒的方式，以及更加正面、更加積極的人生觀。

減脂計畫雖然是一種針對個人所打造的專屬減肥態度方法，但最精華的重點卻是教練的陪伴，以及同期戰友的互挺互助。我覺得儘管這個方法很好，但若一路上就只有我自己一個人在面對，恐怕我也沒有辦法好好地撐到最後、得到美麗的成果。

每個同期的學員都像是一面鏡子，看到有人態度消極，我就會回過頭來審視自己是否夠認真、夠努力；看到有人因為順利減重喜極而泣，我也會受到鼓舞，期待相同的事情發生在自己身上。就是這種正向能量的循環，讓我們能夠持之以恆，達到自己的目標。

分享自己的成功，有效影響他人

隨著體重下降，一開始不太相信的老公，也開始對這套最新科技的減脂計畫感到興趣，並願意主動加入我的行列。就連原本勸我別誤信偏方的同事們，也紛紛跑來向我詢問減脂的秘訣，從他們的眼中，我不僅找回了自己的價值與自信，也成為能夠幫助他人的分享者。

最重要的是，因工作關係日夜顛倒，同樣長年深受肥胖所擾的媽媽，也因為看到女兒減脂有成，開始產生改變自己的動力。真沒想到自己能透過這樣的方式來回報媽媽的愛，讓媽媽找回年輕時的自信與體態，只能說減脂計畫帶給我的，真的是全方位的改變。

自從減脂瘦身成功之後，我就一直在做分享的工作，而且是自然而然就在生活中不斷分享傳遞，因為有很多朋友看到我的巨大變化，不管熟或不熟，幾乎都會跑來問個幾句；不知道我在三個月內從肥胖大嬸變回苗條淑女的人，也會因為知道我生了三個孩子而大感驚訝，立馬好奇詢問：「你是怎麼瘦的？」從這些有趣的互動過程中，我深刻體驗到有減重需求的人真的很多很多，只要我能多分享一句、多傳遞一次，就可以多影響一個人。每當有人因為我而下定決心改變自我，就讓我內心充滿感動與成就。

以前帶著三個孩子出門時，我都只專注在三個孩子身上，無暇顧慮自己，但是如今我已經脫胎換骨，牽著三個孩子出遊，我一定讓自己像個巨星般抬頭挺胸，甚至也很樂於主動跟陌生人聊天搭話。最重要的是，現在只要有人想拍照，我一定會擺好 POSE 等著鏡頭，再也不會躲躲藏藏了。

這樣的改變，老公完全看在眼裡，從他看著我的眼神，就可以感受到他真心為我感到驕傲。不只是老公，就連年紀尚小的三個孩子，也都喜歡變得

美麗窈窕的媽媽，我知道那是因為我終於能把肥胖這個惡魔從心中趕走，所以可以在心中點燃起更多的愛火。

我所做的一切，我相信我的孩子都一定能看得到，這就是我要教給他們的最重要的一課。我要讓他們知道，不需要去害怕他人的看法，更不需要去否定自己，認為自己沒有能力追求夢想。他們終究會在人生這條道路上遭受失敗打擊，也難免會有舉棋不定、失去信心的時候，但我會一直陪在他們身邊，支持他們、激勵他們，用自身減肥的故事來讓他們知道，他們一定做得到！

5000公斤的希望Tips

．減肥並沒有想像中困難，只要能壓抑自己的口腹之慾，生活中盡量做到少油、少鹽、低脂，自然就能讓自己的體重控制在一定的程度。

．真正困難的，是坦然面對自我的勇氣，我知道自己過往用了太多的憤怒與怨懟來當作防護網，結果卻反而適得其反，防護網變成牽絆前進步伐的流刺網。有了這個寶貴的經驗，讓我更知道該如何引導同樣在內心養著刺蝟的人走出來，我想，這就是老天爺給我的新使命。

．其實教練的工作不只是帶著想要減肥的人達成目標，更要鼓勵他們找回失去已久的自信。

謝艾均 Ashley 教練說：

「長久以來，母親的形象都是溫暖慈愛，為孩子與家庭無私的付出，在童話故事裡是如此，現實生活中也時常可見這樣的女性。但，即使生為人母，也是女人啊！許多當了媽媽的人瘦不下來，都是起因於自我設限，以前的我也是如此。不過，我走出來了，所以我想要讓更多人知道，只要有心，任何人都可以藉著減脂計畫，找回苗條自信的人生！」

如何聯繫我

謝艾均 Ashley 教練

LINE ID：c.smaile99

微信 ID：wind0city

FB：Ashley Hsieh

第十六堂課：運動的迷思

運動減肥主要強調調節代謝功能，增強脂肪消耗，促進脂肪分解。運動時可使多餘的血糖被消耗而不能轉為脂肪，控制體重。

人體首先消耗的是碳水化合物，經過科學檢測，人體在最大耗氧量的百分之七十五狀態時，要持續運動四十五分鐘以上，才能消耗脂肪。這種減肥方法一般人都很難堅持，同時過量運動會造成身體損傷。短時間大強度的運動後，血糖水平降低，人們往往會食慾大增，這對減脂是不利的。

運動過量的另一個傷害是關節磨損。運動過量的人的關節會比常人磨損更快，關節一旦破壞就很難復原，故適量運動是一個非常重要的觀念。

與肥胖「絕」緣，與美麗「結」緣

吳姵岑 Ida 教練

在我結婚的時候，身高一五七的我體重才四十七公斤，婚後體重一路往上飆，最高達到六十七公斤，主要的原因，是生了孩子後發胖，身體的代謝也變差，加上不重視自己。閒暇之餘，和姊妹淘聚在一起，聊聊媽媽經、八卦、心事，無所不聊，有時候提到體重，大家就會說，減肥做什麼？明天再減。

就算有時候會念自己的身材幾句，卻沒有人真正的想積極改進。久而久之，就沒有再想到這個話題。甚至有人會說不要減肥啦，圓潤的臉看起來比較有福氣，減了之後，福氣就沒了。當然，體重並不會因為我的忽略而下降，在一次健康檢查時，發現自己的飯前血醣很高，又有脂肪肝，這讓我開始有了警訊。

也許之前跟其他人聊到減肥時，會因為大家不在意而逃避這個話題，但不能因為別人說不要減，就忽視自己的健康。於是在減肥上，想盡方法想瘦，像是直銷產品、購物台的產品，還有瘦身衣等等，就連去郵局辦事情，出來也會被推銷。常常花一些錢在莫名其妙的地方，就是為了想瘦。

而我現在實行的減脂方法，則是因為我的好朋友如玉的分享。一開始我跟她一起去上了為堯老師的銷售表達課程，看到老師這段時間減重下來，如玉就邀請我，一起去問為堯老師是怎麼瘦下來的？可是我不想去。當時的我，以為我的人生不可能再有什麼變化了，就沒有特別積極，甚至還阻止如玉去找為堯老師，渴望變更瘦的她，仍然行動了！

如玉創造了屬於自己的轉變，不僅鼓勵到我，也引起我的興趣，我開始覺得人生是不是還有另外一個希望、一個嶄新的機會呢？反正以前試了那麼多方法，也不差這一次，於是就開始了我的減脂之路。剛開始減的時候，我不想大肆宣揚，覺得自己默默的減就可以了。計畫執行過程中，因為外型上有太鮮明的改變，就算我不去昭告天下，旁人開始好奇的來詢問我是怎麼變瘦的，後來我會在臉書動態上分享自己的喜悅，也得到很多回饋。

因為我本身就喜歡上課，而跟著為堯老師接觸，不但可以瘦身，又可以學到東西，這不是一舉兩得嗎？於是就開始我的減脂教練培訓之路。從減脂到現在，也遇過一些關卡，我自己也是過來人，明白那種心境。一個人，如果連自己都不相信自己，沒有決心和毅力，就很容易放棄減脂。如果你相信自己能夠達成，就會在減脂這件事上，展現高度的配合，不論是你的教練，還是你正在調整的生活作息、飲食習慣，都不會輕易放棄的！

現在的我，願意在減脂這條路上，繼續前進。以前，朋友看了我的婚紗照，都說我回不去了。現在證明，我回得去！現在的我，不只是體態、健康，都比過去的我過得更好，相較之下我也更加有自信了！

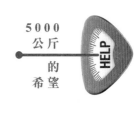

與肥胖「絕」緣，與美麗「結」緣

我曾經經歷過一段胖子的時期，了解胖子的心聲，特別是跟我一樣，為了家庭、小孩付出，將自己的青春年華、時間精力，都花在家庭身上，卻不懂得愛自己的家庭主婦。猶如一朵被帶回家的花朵，你在花店看到它的時候，它是最美麗的，帶回來之後，卻因為疏於照料，就算沒有枯萎，也沒有像在花店時，被照料的時候那麼光彩奪目。

我是家庭主婦，了解很多家庭主婦只專注照顧家人，而忘了愛自己，很多家庭主婦因為找不到方法，不知道要怎麼讓自己變得更好，以為自己的人生就如此，所以就不會想改變，很多事情，就錯過機會了。很多主婦大小事全包，但不論做了多少，因為沒有支薪，容易被忽略，自信心越來越低，如果因為肥胖而遭歧視，這對家庭主婦來說，是不公平的。

如果時間可以倒轉，我也不想回到過去那個樣子，現在的我，在減脂上，已經減出了心得，也希望能夠幫助到跟我過去一樣的人，覺得自己跟美麗絕緣，放棄美好人生的女人。在我減脂成功之後，我的小孩看到我以前的照片，都驚訝的問，媽媽你以前有這麼胖？而我先生對我的態度也更不一樣。從以前到現在，先生並沒有嫌棄過我，是我自己不想面對太多人，會退卻。

以前他都會說，我很肉感，抱起來很舒服，現在，他還是會說我抱起來很舒服。但我知道，他對我的轉變，其實是喜悅的。以前胖的時候，他曾經暗示我，要不要運動？可是我那時候並不想理他，甚至還回應他不懂我。我知道他不是真正嫌棄我，畢竟肥胖伴隨著疾病，他也希望我健康。

現在他出去的時候，會拿我現在的照片給其他人看，開心的把我當個展示品了，而從語氣裡，可以感受到他的喜悅與驕傲。可見我減脂成功、恢復健康與身材，他也是開心的。我所改變的，不只是我自己，我發現我週遭的人，像是我的母親，也跟著我一起改變，不僅開始改變她的飲食習慣，也開始減肥。「千金難買老來瘦」，父母的健康是子女最大的財富，我很高興能帶給身邊的人更正面的影響。

大膽作夢，人人都值得擁有更好的自己

說真的，胖的時候會不太想動，因為身體負擔重，運動沒幾下，就累得要死，現在的我，不只身體、動作，都覺得比以前輕盈，心態上也有所改變。本來不愛運動的我，現在會喜歡運動；之前胖的時候去爬七星山，身體是沉重的，走幾步就氣喘吁吁，開始流汗，不僅會累，膝蓋也覺得無力。減脂之後攻頂就變成很容易的一件事！

我本來就算樂觀的人，所以在當初體重破六十公斤的時候，並沒有覺得人生灰暗毫無色彩，照樣過日子，去泰國的時候，照樣穿著無袖的衣服在街上走，也無所謂，別人怎麼看也不在乎。現在的我，連周遭的人都能明顯感受到，我不一樣了，我變得比較開心、快樂。

而對我來說，我覺得我比以前更有自信了。

姑且不講瘦下來，整個人變得更俐落，更重要的是，相信自己能夠有更

減脂前
減脂後
PhotoGrid

好的一面，而且享受、擁有它，是很愉快的。我覺得每個女人，都值得擁有更好的自己。在協助其他人減脂的時候，我覺得該從內在開始，鼓勵她們，幫助她們建立自信。很多內在沒有建立好的人，就會比較沒自信。

我常用我的例子，去鼓勵跟我差不多的人，因為我們有共同的歷程、共同的話題，聊起來就會很有共鳴，更可以支持到她們。回歸到去關心每個人的生活。

我以前從來沒有想過，身為一個平凡的家庭主婦，怎麼可能有機會出書？一個胖的人，怎麼能夠瘦下來？我的生活圍繞的都是家庭、小孩，生活圈很小，話題也很少。

現在，我不但成了教練，還成為作者之一，自己越來越有一些夢想，並且想要實踐，我感覺我的世界變得更精彩、更遼闊。這一切都要歸功於我的教練如玉及為堯老師！

母與女的貼心話，因「瘦」拉近距離

而身為一個女人，又是媽媽，我覺得「媽媽」這個角色格外重要。我和

女兒的感情很好，我們常常講些貼心話，我因為減脂而得到自信，我的心境、我的想法，她都知道。我希望我的女兒，能夠懂得當媽媽的心路歷程，並要覺知自己，成為一個有智慧的女人。

女人不能一輩子都只給了家庭，而忘了愛自己。

我的改變，我相信我的女兒都明白，懂得我在做什麼？也明白我去影響很多人、改變很多人，讓每個人都變得更好，不只其他人開心，我也開心。現在的我充滿自信，並不斷付出關懷，我不知道我能夠給我女兒什麼樣的人生？但是我知道，只有自己不斷前進，有個正面而積極開朗的人生，我相信對她的未來，是有幫助的。

這些話不只是給我的女兒，更要送給所有的女性。我覺得女人真的要有自主性，當你走過這一遭，你再回頭看，自己都會覺得很感動，你會跟自己說，你的人生，做了一件很棒的事。

5000公斤的希望 Tips

．我茹素，以前很多人看到我，會疑惑地說：「吃素怎麼還會變胖？」其實肥胖跟葷素無關。我以前只有偶爾下廚，大部份時間都是外食，而外食的油又比較多，加上上了年紀，身體代謝降低，自然也容易肥胖。因此，不論葷素食的朋友，都要留意外食的油份含量。

．多喝水是幫助身體機能代謝的必須條件。當身體內部的機能改變之後，就自然而然想喝水，以前因為怕胖，覺得喝水身體會腫，現在喝水已經成為習慣了。

．吃飯的速度也很重要，以前總是想吃快一點，還要做事。長期下來，影響到了腸胃，吸收能力也不好，透過細嚼慢嚥讓大腦知道「吃飽了」才不會讓身體吃撐。

吳姵岑 Ida 教練說：

「給自己一個非減不可的理由。人是有惰性的，加上旁人的影響，容易放棄，減肥的時候，不要怕讓周遭的人知道，畢竟身體是自己的，將減肥轉念成是追求健康，心態上也就不會那麼難熬了。家庭主婦，除了家庭之外，別忘了，還有自己。女人結了婚之後，記得要留點時間，善待自己，不論是成長，或是體態。只有自己快樂，家裡的氣氛才會和諧、愉悦。一個自信的女人，更容易帶著家人，往更美好的路上前進。

別忘了夢想！人生因有夢想，而多彩多姿，家庭主婦只是你多重身分的其中之一，並不代表你的全部。你可以帶著你的家庭一起進步！」

如何聯繫我

吳姵岑 Ida 教練

Wechat：BB0985149441

FB 粉絲頁：吳姵岑

LINE ID：0985149441

第十七堂課：蛋白質減肥法

正常人體每千克體重每天需要一克蛋白質，六十公斤的體重就需要六十克蛋白質，蛋白質很容易被分解成胺基酸，只要分解成胺基酸就直接進入血液，所以蛋白質很容易入血。我們講的一克是指細胞需要一克，剩下不用的就在血液裡面循環，變成了多餘的蛋白質，當多餘的蛋白質轉到蛋白質的垃圾處理器——腎臟，就會被排出去。

腎臟把蛋白質排出後，腎小球會把它重新吸收回到腎臟，腎臟又將它排出去，腎小球又將它吸收回來……如此反覆腎臟需要不停地運作，最後做不動也不會直接罷工，而是先警報，警報的表現形式就是慢性腎盂腎炎，尿蛋白三個「＋」號。如果你繼續給它很多不需要的蛋白質，還讓它拼命工作，就會出現腎衰，腎衰的表現就是肌酐升高，在血液裡面才能測出來，最後就是尿毒症。

也就是說，一天不要超過體重需要的蛋白質攝入，吃多了沒用，如果一天吃五個蛋，不去做健身訓練，多吃的那四個反而會增加腎臟負荷。

找回健康，
以愛為出發點
邱秀芬
Amy
教練

從小，我就不算是一個以相貌吸引人的人，但我很有自信。我覺得外貌不佳沒關係，因為只要命好就好。我天生超級愛賺錢！我從小六就當童工、當時時薪二十元！而且家中的手工，從沒間斷過，為的都是貼補家用啊！甚至高職還沒畢業，就在遠百的海霸王打工，當時有間公司在餐廳開會，聽到他們討論加聘會計小姐，結帳時我就跟老闆毛遂自薦，民國七十七年，我還沒畢業，就因為一股勇氣而找到工作了。

我後來離開做了八年的鋼鐵公司，是因為當時懷老二害喜太嚴重，和先生討論，最後決定在家陪孩子們長大，於是三十歲的我乾脆轉考保母證照，也因而順利從事十多年專業保母工作，直到兒子們紛紛上了高、國中後，加上少子化影響，我從家庭畢業了、進而展開壽險業務事業！到現在接觸到這份大健康產業，這一路走來，我心中有無限的感恩。

身為一個壽險顧問，既然是業務，就免不了面對人群，外貌給人的第一印象往往非常重要。偏偏台灣是美食天堂，然而，又要美食，又要健康，有時候真的很難取得平衡。這幾年的業務工作，我就遇到了很大的外食問題，體重也因此產生了變化。

真正「對」的方法，激發瞬間瘦身力

戒不掉美食，又希望自己更健康亮麗，減肥自然成了生活中的一部分。往年公司的減肥比賽，我都報名參加，可是苦無方法，都沒有太大的變化，而在二〇一七年十月的時候，我因為達成業績，公司招待我去瑞士旅遊，在出國之前，我去我的美髮設計師那裡，打算整理我的髮型。到了那邊，我就發現我的美髮師不一樣了！

原本胖胖的她不僅變瘦，臉也變尖了。這下可引起我的好奇，詢問之下，得知了科技減脂計畫，可惜我就要出國了，等到我回來之後，立刻與她連繫。回國之後，不到半個月減重比賽就要截止，我沒有猶豫，就開始進行減脂，在不到半個月的時間，我就從六十二點一公斤減了七點八公斤，結果我不僅成功減脂，同時還在公司的抽獎上獲得五千塊的現金，我覺得連老天爺都在慶祝我的勝利。

而當我落實減脂計畫，讓體型產生改變之後，我開心的在臉書跟大家分享，也引起朋友的關注。甚至到保戶家服務時，結果很多人就開始問我、私訊我，想要知道我怎麼會變這麼多？目前在公司服務七年了，有些客戶從我還很有肉感的時候就認識我了，當他們看到我的變化，有的就直接問我如何做到？他們也想要！我也很樂於跟他們分享，同時也成為教練，去幫助更多的人變得更好。

雖然，向我請益減肥計畫的人本身有相關需求，但也因為這些人對我的信任，而願意向我提問，這讓我很感動。其實我一開始也沒想到會影響這麼多人，因為我最初，只是單純的想要改變自己；我很開心我的客戶與朋友在參與科技減脂計畫之後，能如願達到他們要的目標，這對我來說，是最大的快樂呀！

換個身材，換個腦袋

在我瘦下來之後，很奇妙的，我眼裡看到的，都是不及格的身材。他們也許沒有算很胖，以前的我也不是真的需要減肥，但以體脂肪的囤積來看，很多人的確都過頭了。自從接觸減脂之後，我不僅減低了脂肪，同時飲食觀念上也有很大的改變，體力更是變得不一樣了。

邱秀芬
Before
Now
2017/10/19
2018/03/23
Weight 57.5 kg 47.2 kg
Fat 20.0 kg 12.5 kg
Body fat tate 34.8 % 26.5 %
Visceral fat 12.0 7.0

我是從事壽險服務工作的，我都跟保戶分享，我沒有在放假，今天客戶找，不論是談正事也好，做保單上各種服務、甚至歡聚唱歌也罷，我都是在和客戶做關係的建立、信任的產生，所以體力是很重要的。而我也把這些改變，跟很多人分享。如今、我也協助一些年輕人減脂，並且告訴他們，未來他可能是小孩子的父母，如果在年輕的時候，能夠學到正確的飲食觀，這輩子受用無窮，甚至還會擴散出去。

當然有時候到外面會放鬆心情，吃上一頓美食，但還是能夠提供一個家庭正確而良好的飲食觀念。如何挑對食物食用、甚至正確的飲食觀念，我從剛開始什麼都不會，一步步的學習，就算一開始不瞭解，但在幫助二十個、三十個人之後，原本不熟悉的也會瞭若指掌了。

因為工作的關係，我會發現很多的客戶在服藥，有些是高血壓、有些是高血脂，你會發現上了年紀之後，不只是身體代謝變慢，肥胖本身就是病！如果再不注意健康，身體就會漸漸的出問題。像我有一對保戶是夫妻，當初太太是為了美容身型，才找我協助減脂。但在聊的過程中，發現他的先生因為高血壓、泌尿系統、心血管有問題、正在服三種藥物！當下深深覺得先生比太太更需要瘦下來！

我後來與他們討論，在短短一個月的時間裡、幫助他們減到他們要的理想中的體重；而保戶打從心裡的感恩與謝意，就是支持我繼續走下去的力量。有些人會認為銷售就是為了要賺錢，但看到他們獲得健康，其實這才是我最大的動力呢！透過這對夫妻，啟發了我想要幫助更多人，世界這麼大，需要我幫忙的人一定也很多。我想利用我的「雞婆」，讓更多人更好。現在，很多保戶不是因為我業績做得很好，而來找我，而是他們發現我對人都是真心誠意的，就一路上信任到現在。

找回健康的身體，以愛為出發點

我們做「利他」的事，其實都會回到我們自己身上的。並不是說我們要有什麼回報，而是付出本身就是一種最佳的回報。我的學員裡，有的人經濟狀況不佳，也有人沒辦法百分百配合，但我從來都沒有放棄過他們，雖然台灣老是被說是「鬼島」，但我看到很多人，即使再富有，也願意為台灣人民的健康而努力。很多的高端資產者並不需要來經營這個事業而獲取財富或成就，而是他們只想把好的產業留在台灣。

看到他們從事這個大健康事業，以愛為出發點，我深信需要幫忙的人真的很多，一步一腳印，讓健康拓展到每個人的身上。除了相信自己，並且跟對人也很重要，有些人已經成功了，我們就照著成功的腳步走，我很認可為堯老師的理念，終旨是「我為人人，人人為我」的精神、我們朝著共同目標前進，眾志成城，這種感覺真棒！

也有人問我，減脂有沒有失敗的例子？我笑說當然有，那就是我！一來，有時候我會忍不住偷吃食物；二來，有時候偷懶，就沒有報告數據，我心想，反正我一定會達到目標，龜兔賽跑，烏龜還不是贏了？就沒有那麼嚴格了。物以類聚，這樣的磁場吸引過來的，也有些也是跟我差不多性質的人。我心想，我欠的債，還是得還啊！

我覺得我的例子不夠勵志，但還是會用我的故事，來勉勵其他人，我還是會常常跟自己對話，經常內省，發現自己原來是可以朝這個目標前進，雖然有時候缺乏意志力，但我並沒有放棄，只是比預想的較慢而已，但並沒有收手。因為我知道，如果健康是「1」的話，你必須將它擺在最前面，後面才會有無數個「0」，沒有健康的話，一切都是惘然。

健康這一途，是要找到「對」的方式，而不是人家講什麼，就做什麼，最要緊的是持續不間斷。一個好習慣如果持續做滿二十一天，這個好習慣就會養您一輩子。所謂減脂，才是真減肥。後來發現，其實並不是很胖的人才會想要減，像我本身不見得很胖，但我就是苦無對策，而且是人就會有惰性，就覺得無法持之以恆，但是我所使用的方法是：你不一定要運動，只要好好配合教練就可以了。

而在減脂期間我有養成一些好習慣，像是喝水、挑低升醣的食物，還有，我不建議學員在減脂的期間做劇烈活動，因為走路本身就是最好的運動方式，不見得要爬山，或是加強核心肌群的訓練，端看你當時的身體狀況。

健康的觀念可以說從不同層面下手，飲食也好、運動也罷，像我先生雖然很瘦，不過他的父執輩都有腦中風的家族史，所以我也是利用我所學，去照顧他的身心。有好的觀念，受益的不只是自己，更是我們身邊最愛的家人，再來就是點、線、面的全面擴散出去。

等到你自己改變之後，一開始的改變可能只有一個人，但是從你開始，影響到你的家庭、家人、小孩，甚至朋友圈，就像在湖心中投入一顆石子一樣，漣漪逐漸擴散，「善」念會逐漸推廣出去，想來就很開心。這收穫又哪是金錢可以衡量？

感謝所有相挺我的親朋好友、以及非常多一路支持我的保戶，我真心感謝有您們！我的處事態度超級積極、正面，我想告訴其他人，「想法」就決定了你的做法，當你的人生遇到挫折時，就要轉念。想要什麼，就努力去爭取，工作如此、人生未來也是如此，健康更是，當你覺得什麼對你是最好，就勇敢的去追尋吧！

正面的思維帶來積極的人生觀，同時也要懂得付出，我常跟客戶說我是三無的女人：無學歷、無外貌，無人脈。但是客戶接觸我後，都覺得我很真誠，都願意跟我合作，這令我很感動，所以我也願意將最好的東西，提供且幫助每個人。

5000公斤的希望Tips

・對食物的不夠了解，會影響整天的體力。主食中的飯、麵，都是屬於碳水化合物、高升醣飲食，食用之後，身體就會快速分泌胰島素，所以才吃個午餐或便當，很快就累得開始想打盹。如果能夠先喝湯、再吃菜、再吃肉，最後才吃飯，這才是對你的身體最好的飲食順序。

・所有的肉品中，豬肉的油脂是最高的，以前去吃壽喜燒時，不懂這個觀念，豬肉一盤接一盤，但了解且在減脂期間，就會避免食用豬肉。知道怎麼挑東西吃，除了不會昏昏欲睡外，反而整天精氣神都非常飽滿，體力真的改變很多。

・台灣的「吃到飽」文化，雖說它有商業上的考量，但在了解到飲食與人體的重要性後，我覺得要有智慧的去選擇，看透過怎麼樣的正確飲食，讓自己達到健康的狀態，又不會掉入商業模式的陷阱，我覺得消費者要考慮過飽、過撐，甚至有浪費糧食的問題。

邱秀芬 Amy 教練說：

「曾經有人在臉書上發文，說我是她的貴人，因為我協助她達成夢想。能夠成為別人的貴人，感覺真不錯，因為發現自己有「給」的力量。所謂的「給」並不是指金錢或物質，而是我翻轉了他的人生。我覺得我天生就很樂意去付出，並且認真積極的將事情做好。當下，我並不覺得自己有多了不起，往往是事後從別人的口中，或是看到同樣一件事，我做和其他人做，是有不同的態度，才恍然大悟，原來我願意「給予」，並且樂在其中。」

如何聯繫我

邱秀芬 Amy 教練

通訊電話：0913-911-194

第十八堂課：科學減脂的三大必要條件

能量負平衡

健康減肥的關鍵是能量負平衡，攝入的熱量比消耗的少。

低升糖

新陳代謝是指脂肪的合成和脂肪的分解，合起來稱為代謝，如果合成速度大於分解速度，那麼體內就會囤積脂肪。要想減肥就要解決兩個問題：合成的脂肪越少越好，分解的脂肪越多越好；所以要加速分解，抑制合成。脂肪從哪裡來？其中一個重要的來源是碳水化合物，所以不能讓那麼多碳水化合物變成脂肪存起來。那麼不給碳水化合物行不行？不行，比如說大腦，它的功能只能靠碳水化合物來供應能量，沒有糖會頭暈、記憶力下降等，所以不能不給糖，碳水化合物是必須的營養素。

低升糖指數食物有以下四個特性：

一、糖類含量低

二、不易消化

三、纖維含量高

四、脂肪、蛋白質含量高

富營養

減肥的第三個必要條件是富營養，百分之九十五的肥胖都是因為攝入大量熱量的同時，卻缺乏包含脂肪分解必須催化劑在內的多種營養因子而導致的。好的減肥食品應該有五十九種營養物質，包括人體七大必需營養素，包括三十八個化學反應所必需的酶和輔酶，還包括其它一些功能性元素，所以減肥不是要減少營養而是要增加營養、強化營養，但是減少熱量需要能量負平衡，要把這兩個區分出來。

除了自己受益，更能改變家族命運

黃駿聖 Jason 教練

我原本任職於海洋生物博物館，擔任飼育員的工作，主要的照顧對象就是可愛的企鵝。平時我除了要在極度寒冷的環境下執行各項勤務之外，有時也需要身穿潛水衣進行水下作業，工作上的熱量消耗極大，因此也需要藉著用餐補充大量的熱量。我知道有很多人會羨慕我的工作內容，畢竟一般人想要看企鵝，還得花錢買票、花時間排隊，但是我卻可以跟企鵝朝夕相處。然而對我來說，這份工作除了熱忱之外，真的得要靠一點一滴的體力去打拚。

轉換跑道，體會到現實的考驗

隨著年紀的增長，我的體力開始下降，而且成家立業的壓力也近在眼前，考量到未來的發展性，我最後決定離開海生館，投入保險的行業，工作場景瞬間就從零下的冰天雪地，換成有空調的辦公室，相處的對象也從企鵝變成我們人類。

轉換職場跑道一定都需要適應期，這是人之常情，而對我這個與動物相處的機會較多的人來說，要進入必須與人大量往來的領域，肯定得費上更多心力。

我非常清楚自己的情況，因此也做好了萬全的心理準備，到了新的環境之後，我努力展現自己熱情的一面，而在海生館工作的經歷，也成為與人互動最好的素材。很快地，我在保險工作方面上了軌道，同時更在單位裡贏得了好人緣。如此順利的狀況讓我自以為已經調整好一切，完全都沒想到飲食習慣的問題。離開了需要大量體力的工作之後，我每餐還是依舊習慣吃好吃滿，根據質量守恆定律，我也只有變胖一途了。

進入保險業短短的四個月之內，我硬生生就胖了將近八公斤，縱使已經發現苗頭不對，開始試著節制自己的日常飲食，但還是陸續在四年間增加了二十五公斤。也就是說，我只用了四年的時間，就讓自己從精實幹練的小鮮肉，變成臃腫肥胖的「油」業務了。為了找回自己引以為傲的身材，我開始遍尋減肥秘方，但是始終都沒能找到真正適合自己的方法，再怎麼努力體重還是沒有往下降，三高的問題也依舊持續困擾著我。

直到我在一次旅遊中巧遇當兵的學長，看到他帶著老婆 Wuna 出遊的幸福模樣，讓我羨慕不已，而更教我詫異的是，Wuna 明顯瘦了不少，想想我們睽違也不過才一年左右的時間而已，但是為什麼眼前的嫂子瘦了好幾圈，簡直就像變了一個人似的？這馬上就激起我的好奇心。

「怎麼瘦的啊？」從見到兩人開始，這個問題一直在我的腦海裡迴盪，學長熱情地與我敘舊，我也左耳進右耳出，完全心不在焉。最後終於讓我找到機會出聲詢問，這也開啟了我與減脂計畫結緣的契機。當時學長夫妻熱情地將減脂計畫介紹給我，從一連串的流程開始，到經驗豐富的教練會全程陪伴等等，所有細節全都大方與我分享。

聽完之後我非常興奮，彷彿已經能看到減肥成功的自己，於是在回到家之後，我馬上把這個情報分享給同樣有肥胖問題的姊姊，邀請她跟我一起報名參加減脂計畫。原本我想說與其自己一個人奮鬥，不如找一個夥伴一起努力，這樣在遇到挫折時還有人能夠互相取暖、互相砥礪。

姊姊在我的熱情力邀下，很快也決定加入我的陣營，結果沒想到才剛開始的第一天，我們兩人的減重之路就遇上了大麻煩。這個麻煩其實源自於我從小就在南部的大家族長大，家裡人口眾多，幾乎都熱愛美食，而且我們家的口味比一般人都還要重，總是要辣一點、鹹一點才能滿足我們的味蕾。在這樣的情況下，我跟姊姊想要吃得清淡、吃得小巧，反而成為異類，根本很難逃開家族的飲食習慣。

就在我們決定減脂的第一天，外甥女就買了好幾桶炸雞回來當大家的午餐，我們姐弟兩人在一旁乾瞪眼，口水吞個不停也只能默默地忍耐。而到了晚上就更加煎熬了！我老婆的姊姊特地南下來拜訪我們，帶來許多百貨公司美食街的好料，接二連三的「精神虐待」，說真的當時我都快要忍不住想要舉白旗投降了，要不是想到如果自己放棄，那麼姊姊也一定會選擇放棄，所以還是咬著牙堅持下去。

正確的減肥之道，必須身心兼顧

好的開始是成功的一半，熬過了第一天的美食大考驗，爾後的減脂計畫我們自然比較得心應手。其實，很多人都覺得很難克制美食當前的誘惑，但是我認為如果可以找到一個目標，就有動力堅持下去。

美食一直是我們家族的一大罩門，於是在開始減脂之後，我也自然而然就把重點擺在食物上頭。我曾經試著克制自己完全不去碰美食，只吃清淡且熱量低的食物，然而幾天過後，我發現這樣的方式真的大錯特錯，因為無法享受美食的壓力會一點一滴地在心底累積，雖然平時可以靠意志力壓制，但心理壓力一旦反彈，便很容易會暴飲暴食，導致體重回增。

很多人在減重成功之後，沒多久就又復胖回來，原因大多是如此。只考慮身體因素，忽略了心理需求，因此當減重的目標達成之後，基於補償心理就開始狂吃狂喝，貌似想把禁慾時期少吃的部分一口氣補回來，體重也就會瞬間狂飆。復胖之後體重甚至比減重前還多好幾公斤的人，也是所在多有。

經過這一段時間的減脂過程，我深深了解到，與其選擇強忍，克制自己什麼都不吃，倒不如偶爾開放自己多少吃點好料的，只要注意別吃過頭，衡量好攝取的熱量，就可以一方面愉快地享受美食，一方面仍舊維持在減脂的步調裡頭。

因此如果有時候你覺得自己開始瘦得很慢，體重數字沒有變化，或是由於生理作用暫時增加一些體重，那時候請先放鬆自己。不能在別人吃美食時跟著大口吃，反而讓減重成為壓力，所以先不要控制飲食了，反而要先調整心情。

透過這樣的方式，我的減重心態變得健康許多，雖然起步時體重下降的

駿聖

減脂前

2017年08月18日

減脂後

2018年04月15日

體重	83.5 kg	»	69.7 kg
脂肪	21.4 kg	»	12.4 kg
體脂率	25.6 %	»	17.8 %
內臟脂肪	10.0	»	6.0

速度沒有那麼明顯，但是瘦下的過程中並不會感覺到太大的壓抑，自然也不會有什麼補償心理。自從我的體重減下來之後，我覺得自己的飲食習慣改了不少，以前那種想吃什麼、想喝什麼的衝動居然都沒了，頂多有時想回味一下，就吃個一、兩口解飢。

還記得在海生館工作時，辛苦忙碌了一整天之後，我總是會想來瓶啤酒或汽水，藉以慰勞自己，如果沒喝就感覺一天的疲勞無法消除。不過現在已經沒有那種想要喝的感覺，平時路過便利商店也不會想特地進去買，大概就只剩幫朋友慶生之類的情況有機會喝到而已。

鹽酥雞也是一樣，這項最具台灣味的傳統美食，一直都是我心目中的晚餐首選，無肉不歡的我，以前一個禮拜至少會吃個兩、三次，但現在差不多三個月左右才會買一次，而且也是買一點點然後跟老婆或姊姊分著吃。

這些飲食習慣方面的改變，因為有了心理層面的支持，所以很自然地維持了下來，同時更進一步對我的身形帶來正面的影響。我跟姊姊都是如此，經過了一番努力之後，我們兩個都順利達成目標，而且還一起許下了承諾，期許我們在未來都能成為到世界各地分享減脂計畫的種子教練。

打破家族刻板印象，一瘦不回頭

當我和姊姊瘦下來之後，家中的幾位長輩第一個反應並不是為我們感到高興，而是用充滿懷疑的眼光看著我們，認為我們應該會再復胖回去。其實我非常能夠理解他們的心情，因為現在台灣的環境的確充斥著太多騙人的產品，所以我可以接受他們所投下的不信任票，也不急著拿出更多案例與科學實證來證明，因為我深信「路遙知馬力，日久見人心」的道理，只要我跟姊姊能夠保持優良體態，做一個好榜樣，日子久了長輩們自然會對我們的作法感興趣。

不過，雖然減脂計畫不見得一定要家人馬上接受，但是改變重口味的飲食習慣卻是刻不容緩的事情。畢竟少油、少鹽、低脂是衛生署公開倡導的飲食模式，為了追求健康，每個人都應該要遵守這個原則。我和姊姊真心地勸導家人將每天的飯菜分量減少，並且降低使用調味料。而且我們還會鼓勵家中長輩多多外出活動筋骨，即使只是出去走個一圈，也好過待在家裡一整天。

經過大約半年左右的努力，我的父母親也明顯的瘦了下來，當然他們也

變得更健康、更有活力。其他長輩親戚看到我們一家人的改變，也開始相信我與姊姊所言不假，後來陸續也有好幾位選擇加入減脂計畫的行列，真的是讓人既開心又有成就感。

在我正式成為教練之後，我常會把這段改變家族命運的往事拿出來當成範例，藉以讓學員們了解正確心態的重要性。我的家人們如果只是單純因為相信我們姐弟而選擇加入，卻沒有養成健全且正確的心態，那麼恐怕不僅減脂很難成功，就算有所成果，也很容易會在瞬間歸零。

我認為有自信踏出第一步雖然很重要，但是更重要的是要讓自己得以進行中長期的改變。總之，給自己一個不短的期限吧！讓自己開始改變，只要每天都有微調一點點，相信時間到了，你一定能夠累積出重大的變化。

5000公斤的希望 Tips

‧很多人好奇我們的減脂指導：「為什麼沒有積極鼓勵運動，反而是建議減重者從飲食著手？」道理非常簡單，因為我們所吃進去的熱量，主要就是供給一天的活動所需，運動是為了把過剩的熱量消耗掉，若想要透過運動來消除脂肪，要做到一定的量並持之以恆，這並不容易。降低自己的口腹之慾，盡可能地讓熱量夠用就好，如此一來日子一拉長就一定能看出成效。

‧有時候我們會發胖，是因為身上缺乏消化食物的某一種酶，而自己固定吃的食物之中又剛好沒有，所以無法獲得補充。所以「不要挑食」這句老掉牙的話是真的有道理的，唯有吃得更全面、更均衡，健康與體態才能長久維持。

‧別再給予自己過多的限制，或是拿一堆無關緊要的理由搪塞自己，改變可以慢慢來，但是一定要確實。

黃駿聖 Jason 教練說：

「以往在海生館與企鵝為伍的時候，我其實從來都不曾煩惱過身材過胖的問題，不是因為沒人看，而是龐大的體力支出讓我自然而然能夠維持良好體態。那時候只要身邊有人跟我嚷嚷：「減肥好難。」我都會嗤之以鼻。直到我自己也胖到需要努力甩肉時，我才了解到原來這真的不是一件容易的事。一個體重爆肥二十五公斤的保險業務，靠著減脂計畫在短短的時間內就甩肉成功，這樣的歷程讓我自己成為最亮眼的活招牌，非常慶幸我有機會可以透過減脂計畫成功恢復身材，希望今後會有越來越多人在看到我的改變之後積極奮起，像我一樣從肥胖手中奪回人生的主控權。」

如何聯繫我

黃駿聖 Jason 教練

手機：0912-137-015

Line ID：whale168168

微信 ID：whale168168

第十九堂課：瘦下來第一步．誠實面對自己

・我現在的身高、體重、體脂率？

・我符合健康標準的體重、體脂率？

・我嘗試過的失敗減重方法？

・我在減重過程中難以突破的弱點？

體重少一些，生命精采多更多

廖大緯 David 教練

在當兵之前，我從來不是一個需要關心減肥議題的人。雖然稱不上是肌肉猛男，但好歹沒有多餘的贅肉，也不曾為了買衣物操過心。沒想到從入伍到九十八年退伍，我的體重曾一度從六十六公斤被操到剩五十八公斤，但在待退期間，我的身材開始「走山」，體重直上七十五公斤。退伍後的我曾每天早上五點起來跑大安公園三圈外加吃營養粉代餐，並在三個月就瘦回六十四公斤。然而，接下來的生活便被工作所淹沒，三年職場忙碌導致我無心留意體重，不僅褲子開始一件件不能穿，原本引以為傲的平坦小腹，隆成了一座小山，S號及M號的衣服也成了緊身衣。

「再這樣下去可不行！」我一方面對於自己的疏忽感到生氣，再次提出各式各樣的減肥方案、立下了許許多多惡狠狠的毒誓，一方面卻任由生活上的壞習慣擺布，該吃的沒放過、該動的時候卻總是發懶。就算再次用跑步加營養粉代餐，卻無法發揮成效，而且還因為過重又強行做劇烈運動，拉傷了右腳的阿基里斯腱。可想而知，儘管我內心非常抗拒，但是體重還是一路往上飆。

這一胖影響了健康不打緊，最讓我感到灰心的是竟然有人開始喊我「大叔」！原來肥胖不僅讓我在外表上顯出老態，而且還非常容易累，就連走個路、爬個樓梯都會氣喘吁吁、汗如雨下，難怪一些新認識的朋友會把我當成是步入中年的大叔。

禍從口入！觀念不對難以消瘦

那時候，我自己的工作壓力大，吃美食變成我療癒內心的最佳管道，尤其是甜食和麵食，那一入口的甜，能夠化解多日的煩悶，每當色彩繽紛的甜點和香噴噴的麵食擺在我眼前時，什麼熱量、什麼體重都會被我拋到腦後。

當然，吃完之後就只剩下永無止盡的後悔。

常言道：「身體的狀況自己最知道。」的確，我在求學階段身材勻稱，身體各方面都非常健康，可能也是因為年輕體力好，就算熬了夜也很快就能恢復過來。然而自從發胖之後，健康檢查的數據每每都會讓我嚇得如同墜入冰窖，血壓愈來愈高體力下降、容易疲勞……

暴飲暴食、作息不正常，因而有一餐沒一餐、老是當外食族，重油重鹹加喝酒，因而營養失衡、那十年台灣房地產景氣愈來愈好，帶客戶看屋的行程排得很滿，爬樓梯成了每天的例行公事。但我仍感到運動量不足……這些問題我都看到了，也都有心想改，可是右腳受的傷讓我不敢再次將希望投向運動。

我也參加過健身房、練過氣功、還試過一家又一家營養代餐，但八十公斤就像一根很強的「支柱」，偶有跌破，都在一兩周內又反彈「豎起」。在失敗的減重過程中，我或多或少對身體帶來了更大的傷害，再加上減肥的產品都所費不貲，讓我真可說是「人財兩失」。於是，我放棄了，覺得這輩子不要再繼續胖下去就好了，維持八十到八十三公斤，至少讓我看起來有老闆的「扮勢」。

我常在想，為什麼看其他人減肥是如此容易，但我卻屢戰屢敗呢？後來我歸納出原因，關鍵就在於減肥的過程太痛苦，導致於我無法堅持太久，而那些能讓我長時間持續努力的方法，卻又效果不彰。我感到非常灰心，覺得自己再也穿不回M號了，尤其是花一個月減個一公斤，但兩、三天就復胖兩公斤的殘酷事實，更讓我開始自暴自棄。

幸好，二〇一七年六月我遇到了一個老朋友——為堯老師，這才讓我的肥胖人生出現了改變的曙光。

莫忘核心：「減脂才是真減肥。」

我跟為堯老師一九九四年就認識了，但是，才半年不見，卻讓我驚訝得下巴合不攏，他原本跟我差不多，每天都為了工作忙得像陀螺一樣，身材也都橫著長。然而再次出現時，他不僅瘦了，看起來更是年輕了好幾歲。我除了感到訝異之外，也有一種被戰友拋棄的感覺。

於是，我好奇地趕緊問他：「你這半年是每天上健身房嗎？怎麼能夠一下子瘦這麼多啊？」。他只雲淡風輕地回了我一句：「減脂才是真減肥。」就這樣，我跟隨朋友的腳步展開了破天荒式的「減脂計畫」。原本我以為這會是場魔術秀，但在體驗過後，我才知道這一切都不是我所想像的那樣，我才知道，以前我所用過的那些方法有多麼荒唐、多麼浪費。

在剛投入「減脂計畫」第一個月的時候，那時我其實並不是很相信自己真的能成功瘦身，雖然已經看到許多成功的案例，也了解減脂的原理與過程，但還是難以說服自己，畢竟過往的失敗經驗實在是太多太多。不過，既然我也已經試過了所有自己認為可行的辦法，況且「減脂計畫」還有經驗豐富的教練會帶著我一步一步做，所以我試著拋開所有成見，完全照著減脂的步驟進行。

出乎意料的是，這一個月的配合與付出，讓我足足瘦了十公斤之多，遠遠超出我的預期，原本我以為要經過半年時間才會有些微效果，但身體竟然在短短一個月內瘦了十公斤，讓我非常驚訝。過往我為了減肥而投入的所有努力，前後加總都還不到十公斤呢。

其實在進行這項減脂流程前，我就把這件事公布到社群網站上，理所當然的，包括我自己在內並沒有什麼人看好。當我超乎預期的瘦下來後，其他人也跟我一樣驚訝，紛紛問我是如何辦到。

可惜，我犯了一個錯誤，我在八月減到八十公斤起，我開始恢復HIIP高間歇重訓，以為這樣可以加快減脂速度，結果反而減脂速度變慢，身體也變得容易疲累，大概下午六七點就想去見周公了。

兩個月過去後，我的體重降到七十公斤，約莫是回到當兵時的平均體重。九月中，我去大陸學習正確減脂知識，加上每天大吃大喝十天，回來也不過多了一公斤。然後我開始不再重訓，並每天控制在五公里的腳程，加上最後一段減程搭配的食物，反而就加快了。

這使我陷入思考，是老天爺特別選在這時對我開了個天大的玩笑，還是我一直以來都用我自己所認為的那一套來處理體重，導致自己錯失了很多機會，卻以為是他人所提供的方法不管用？接著我更進一步想到自己在職場近二十年來所累積的經驗，究竟那些經驗是讓我更容易順著環境改變而獲得成功，還是反而成了將自己侷限在特定框架的絆腳石？我想，這一趟屬於我自己的奇幻旅程，讓我得到的不只是身體的改變，就連思維也跟著改變了。

趕走脂肪，迎向更多元豐富的人生

自從瘦下來之後，我自覺體力明顯提升許多，尤其是在工作上，以前老覺得永遠睡不飽，吃完午飯一定要打盹個半小時一小時才行。帶客戶看無電梯公寓，爬到五樓時，都得雙手撐膝且氣喘噓噓。之前面對客戶，談話只要超過三十分鐘，眼睛已不自覺要閉上了。曾有一整年，下午要錄製財經談話節目，面對鏡頭都強睜雙眼，幾乎要用牙籤撐住眼皮。

瘦下來後，去年十月底我又再次站上講台，跟著我十年的投資俱樂部，

廖大緯
ID:881123
減脂/kg
14.3
減重/kg
19.3
清華大學
减脂前
减脂后
2017年07月13日
2017年11月05日
体重： 87.4 kg 68.1 kg
脂肪： 28.2 kg 13.9 kg
体脂率： 32.2 % 20.4 %
内脏脂肪： 15.0 7.0

這些大哥大姐無不驚訝於我的「小夥子」外型，還發現我演講回氣的時間拉長了。而且聲音宏亮更清楚。演講完不是問我海外不動產投資的問題，反而更多是問我怎麼成功瘦身。現在我每天都精神奕奕，持續工作五、六個小時也不會感覺疲勞。這樣的改變讓我間接省下不少休息時間，工作的效率也提高了許多。

過去總覺得花費時間減重會占用到工作時間，在權衡之後也只能將減重訓練放置一旁，專注於工作，這其實是本末倒置的思維。現在不但能提早處理完手上的業務，也多了些空閒時間做自己的事情。那種年輕十歲的感覺，的確令人感到很舒服。

除了體力變好外，我還比以前不怕冷。以前每年冬天幾乎都會感冒，就算每天固定用熱水泡手腳，時時喝熱水，手腳還是會感到冰冷。那時覺得很納悶，想說胖的人脂肪也比較多，應該是比較不怕冷才對，為何我總是跟別人不一樣？在進行減脂的過程中，我從教練口中得知，我怕冷的原因為內臟脂肪過多，導致體循環不良，四肢末端冰冷。在經歷這次的減脂流程後，我不僅甩掉多餘的內臟脂肪後，連以前過冬必備的衛生衣褲都甩掉了。

健康所帶來的效益比我預期的超出許多。原本我認為自己是為了能活得久一些，不得不多花些時間讓自己的身體不至於過早報廢，現在則覺得一副健康的身體可以大幅提高生活品質，讓自己活得更快樂。若沒在體重機上走了這一圈，我還不知道自己的想法會有這樣的轉變。

最重要的是，體態輕盈了、外表變年輕了，讓我終於能夠擺脫大叔的稱號！

自己也曾經減肥後，在短時間內又復胖，繼續過著苦於內臟脂肪過多的生活。因此對於這次成功的減脂經歷，我也非常樂於分享。我認為除非自身觀念改變，不然難有成果，所以在做任何努力前，有「正確的觀念」十分重要，而我認為最重要的觀念，就是願意虛心受教，不要讓既有的經驗成為學習新事物的絆腳石。

和之前的減脂嘗試相比，這次我真的沒有花費多大心力，但因為我觀念對了，所以我得以事半功倍。很多事情真的不需要鑽牛角尖、堅持己見，一旦你將先入為主的觀念放下，你將會看見不曾見過的另一片天。

5000公斤的希望Tips

・回想起那一段靠吃甜食減壓「醒」腦的歲月，不免覺得真的都是自己忙著催眠自己，把不良的習慣想成是苦悶生活的救贖。我想，這就是所謂的人性吧。以前我就是這樣，會把享樂與紓壓擺在第一位，吃不下了卻還要硬塞，然後告訴自己人生難得幾回醉，完全不去考慮後果。現在的我好想跟當時的我說：「別傻了，快放下筷子吧。」

・跟著教練逐步施行「減脂計畫」的過程中，我也深深了解到三餐定時定量的重要性，雖然工作一樣忙碌，但那卻不能拿來當作忽略正常作息的藉口。選擇三餐時不再以省時省錢為重，而是以減少身體負擔為主；只要能夠保持良好且正確的生活習慣，身體自然就會給你最好的回饋。

・「光是努力並不夠，還要往對的方向努力，努力才會有成果。」以前覺得與減重無關的習慣，回頭一看都成了造成體重增加的關鍵，怪不得辛苦減重卻成效有限，因為自己總是在做白工。減重不一定要強迫自己去做一些十分艱難的訓練或修行，或花大錢進行特殊手術，但一定要從調整自己的觀念開始。

廖大緯 David 教練說：

「若能夠當俊帥挺拔的小鮮肉，誰會願意當老態龍鍾的大叔？在職場上常有精彩表現的我，卻因為身材發福的關係，老是被誤認為是大叔，好在幫助我逆轉人生、找回自信的，正是「減脂計畫」！我總會覺得，自己好像過著兩種截然不同的人生，回顧那段肥胖且不健康的歲月，我是再也不想回去了。未來，我也將幫助更多人，一起擁有健康過快樂的人生。」

如何聯繫我

廖大緯 David 教練

FB：david77up

微信：daivdliao

Line：davidliao0317

第二十堂課：大膽擁抱目標，具體作出計畫

・我決定尋找哪一位教練替我指導：

・教練給予我哪些減脂計畫上的建議：

・我的具體目標、減脂時程是什麼？

・我要如何跨出第一步？

【渠成文化】Yufit 001

5000 公斤的希望

作　　者　張為堯與 5000 公斤希望團隊
鄭聲平、詹如玉、蔡鐵瑩、黎瑞玲、吳汰紝、林宜慧、李琬茹、游詩賢、施麗貴、陳玉芳、邱玉芳、彭潤中、蔡志宏、孫苔芬、辜俊哲、謝艾均、吳姵岑、邱秀芬、黃駿聖、廖大緯（以上排列按照書內登場順序）
圖書策劃　匠心文創
發 行 人　張文豪
出版總監　柯延婷
編審校對　蔡青容
人物攝影　培豪
梳　　化　Ella
封面協力　L.MIU Design
內頁編排　邱惠儀
E-mail　cxwc0801@gmail.com
網　　址　https://www.facebook.com/CXWC0801
總 代 理　旭昇圖書有限公司
地　　址　新北市中和區中山路二段 352 號 2 樓
電　　話　02-2245-1480（代表號）
印　　製　鴻霖印刷傳媒股份有限公司
定　　價　新台幣 450 元
初版一刷　2018 年 7 月

ISBN 978-986-95798-6-5

國家圖書館出版品預行編目（CIP）資料

5000公斤的希望 / 張為堯等著. -- 初版. -- 臺北市：
匠心文化創意行銷, 2018.07
面；　公分
ISBN 978-986-95798-6-5（平裝）

1.減重 2.塑身

425.2　　107008017